ACCELERATE

Accelerate: The Science of Lean Software and DevOps: Building and Scaling High Performing Technology Organizations

精益軟體 & DevOps 背後的科學

感謝您購買旗標書，
記得到旗標網站
www.flag.com.tw
更多的加值內容等著您…

< 請下載 QR Code App 來掃描 >

1. 建議您訂閱「旗標電子報」：精選書摘、實用電腦知識
   搶鮮讀；第一手新書資訊、優惠情報自動報到。

2. 「更正下載」專區：提供書籍的補充資料下載服務，以及
   最新的勘誤資訊。

3. 「網路購書」專區：您不用出門就可選購旗標書！

   買書也可以擁有售後服務，您不用道聽塗說，可以直
   接和我們連絡喔！

   我們所提供的售後服務範圍僅限於書籍本身或內容表
   達不清楚的地方，至於軟硬體的問題，請直接連絡廠商。

● 如您對本書內容有不明瞭或建議改進之處，請連上旗標網
  站，點選首頁的 讀者服務 ，然後再按右側 讀者留言版 ，依
  格式留言，我們得到您的資料後，將由專家為您解答。註
  明書名 (或書號) 及頁次的讀者，我們將優先為您解答。

  學生團體　訂購專線：(02)2396-3257 轉 362
  　　　　　傳真專線：(02)2321-2545

  經銷商　　服務專線：(02)2396-3257 轉 331
  　　　　　將派專人拜訪
  　　　　　傳真專線：(02)2321-2545

國家圖書館出版品預行編目資料

ACCELERATE:精益軟體與 DevOps 背後的科學
Dr. Nicole Forsgren、Jez Humble、Gene Kim 著 / 江少傑 譯
-- 臺北市：旗標, 2022.1　面；公分

譯自：Accelerate:The Science of Lean Software
and DevOps:Building and Scaling High Performing
Technology Organizations

ISBN 978-986-312-695-9 (平裝)

1.軟體研發 2.電腦程式設計 3.作業系統

312.2　　　　　　　　　　　　　110019500

作　　者／Dr. Nicole Forsgren、Jez Humble
　　　　　Gene Kim 著

發 行 所／旗標科技股份有限公司
　　　　　台北市杭州南路一段15-1號19樓

電　　話／(02)2396-3257(代表號)

傳　　真／(02)2321-2545

劃撥帳號／1332727-9

帳　　戶／旗標科技股份有限公司

監　　督／陳彥發

執行企劃／黃宇傑

執行編輯／黃宇傑

美術編輯／蔡錦欣

封面設計／蔡錦欣

校　　對／陳彥發、黃宇傑

新台幣售價：499 元

西元 2022 年 1 月 初版

行政院新聞局核准登記-局版台業字第 4512 號

ISBN　978-986-312-695-9

版權所有‧翻印必究

對 Accelerate 一書的讚譽

「當此軟體掛帥的世界，若廣大執行長、財務長以及資訊長們的公司力圖生存，本書即是諸公急切所需的遠見卓識。任何不讀此書者都將會被讀此書者取代。」

— Thomas A. Limoncelli，
《The Practice of Cloud System Administration》一書的共同作者

「喏，這麼做！在《Accelerate》書中呈現的證據，即是經由研究、堅持以及洞見所取得的巨大成功，不只證明良好技術及管理行為與業務績效之間的關聯性，還證明了其間不經意的連結。它也揭露了『成熟度模型』的迷思，並提出了實際且可行的替代方案。作為一個在人、技術、流程以及組織設計之間疲於奔命的獨立顧問，這簡直是天賜嗎哪（manna）！

正如第三章所總結：『藉由在技術組織中施行這些實踐，您可以走自己的旅程臻至更好的文化。』〔個人強調〕世上沒有神秘的文化魔法，只有 24 種具體、明確的能力，不但可以引致更好的業務成效，更重要的是讓大家更快樂、健康、並積極向上；以及打造一個讓人想為之效力的組織。我會買好幾本奉送給我所有的客戶。」

— Dan North，獨立技術與組織顧問

「無論他們接受與否，時至今日，大部分組織機構都以某種方式、形式或型態從事軟體開發，而且大部分都被以下種種拖累：前置時間（lead time）拖泥帶水、充滿臭蟲（buggy）的產出、以及徒增開銷並使用戶氣餒的複雜功能。其實沒有必要這樣，Forsgren、Humble 以及 Kim 三位作者引人入勝，闡示 DevOps 其然、其所以然以及如何行之，因此您也能體驗卓越究竟若何觀感。」

— Karen Martin，
《Clarity First and The Outstanding Organization》一書作者

「《Accelerate》一書解釋得極好，不僅說明組織應該進行何種變革，以改善其軟體交付績效，還闡明原因，賦予各層級人們能力真的去了解如何讓他們的組織更上層樓。」

— Ryn Daniels，Travis CI 基礎建設運維工程師以及
《Effective DevOps》一書的共同作者

「如今建造房屋的『藝術』，是眾所周知的工程實踐。然而，在軟體世界裡，我們尋尋覓覓那些相似的模式與實踐，俾能交付同樣可預測並可靠的成果，同時將浪費降到最低，並漸入佳境產出我們業務所要求的高效能。

《Accelerate》一書提供了有研究支持、可量化並且是真實世界的一些原則，以打造世界級、高效能的 IT 團隊，俾有令人驚嘆的業務結果。

有兩位 DevOps 社群思想領袖背書（Kim 與 Humble），以及 Forsgren 博士的世界級研究，本書是極推薦的資產！」

— Jonathan Fletcher，Hiscox 集團技術長

「在他們的《Accelerate》一書中，Nicole Forsgren、Jez Humble 與 Gene Kim 並不在任何關於 Agile、Lean 與 DevOps 的新概念領域開疆拓土，反之，他們提供了一些可能是更有價值的事物：一窺其嚴謹資料蒐集與分析方法，這也引致了他們先前的結論：讓 IT 組織對業務更有貢獻的關鍵能力。這也是我樂意放在書架上，比鄰這些作者其他傑出著作的一本書。」

— Cameron Haight，VMWare 美洲事業群副總裁兼技術長

「能在未來蓬勃發展的，就是那些借助數位技術以改善供應（靈活產品服務組合）及運維的組織。《Accelerate》根據經年翔實記載的研究，總結了最佳指標、實踐以及原則，用以改善軟體交付以及數位產品績效。我們強烈推薦本書給任何涉參與數位轉型的夥伴們，俾得到確實的指南，知道何者有用，何者沒用，還有何者一點都不重要。」

— Tom Poppendieck 與 Mary Poppendieck，
《精益軟體開發》系列叢書作者

「以此書成果，作者們對 DevOps 的理解與應用做出了重大貢獻。他們闡示：一旦好好理解，DevOps 不僅只是風尚，也不只是換湯不換藥。其成果闡明 DevOps 如何能就組織設計、軟體開發文化以及系統架構等領域前沿更進一步。而且不僅止於演示，他們以我前所未聞、立基於研究之洞見，將 DevOps 社群的定性發現（qualitative findings）往前更推進一步。」

- Baron Schwartz，VividCortex 創辦人兼執行長、
《High Performance MySQL》一書的共同作者

中文版推薦序（一）

李智樺 91App 敏捷教練

專案開始之初，首重看見全貌。

一旦；當你把眼光投注在哪一個要項的時候，實際上你就只看到那一部分，你的思緒將被那一部分的內容所牽動，很難再看見其他的事⋯

所以我們要退後一步，才能比較清晰地看見全貌。

想要正確的實施 DevOps 嗎？提醒你；千萬不要盲目地進行變革；我以為；首先要能看見全貌；看見市場的全貌，然後是衡量自己在哪裡？當然；也要知道競爭對手在哪裡？接著才是依循三步工作法與 CALMS 的指導原則進入持續改善的循環。這本書最吸引我的，便是這三者。

看見全貌

「研究人員發現相較於低績效者，精英企業的部署頻率要高出 973 倍、部署的準備時間快 6570 倍、變更失敗率低 3 倍、故障發生時從事件中恢復的時間也要快 6570 倍。」

衡量自己在哪裡

「研究發現，那些使用混合雲和多雲的企業比不使用混合雲的企業超額完成組織績效目標的可能性要大 1.6 倍，在部署頻率、變更準備時間、恢復時間、變更失敗率和可靠性方面的表現也要優異 1.4 倍。」

接著是持續改善

在看見全貌並知道自己在哪裡之後，接著下來就是努力的追趕過程了；它稱為持續改善。但要怎麼把持續改善做好呢？

要想做到持續改善，首先你必須能夠清楚的定位；透過指標的衡量認知自己所在的位置？然後反省自己哪裡做得好、哪裡做得不夠好、要如何做改進，如此才能夠變得更好並進而獲得持續改善的功效。本書的指標與統計數值，正可以提供你做比較，思考如何來改善你的 DevOps 團隊。

書裡頭從協助你看見全貌，到自我衡量、明白競爭對手在哪裡？然後開始論述 DevOps 的現狀；是一本進入 DevOps 世界絕佳的參考書籍。它有著明確的指標與優秀者成功軌跡的描述，讓你對如何做得更好有所依循，正是 DevOps 實踐者必讀的參考資料。建議你依據這些指標來做比較，讓指標測得的數據做為你持續改善的衡量，然後再運用 DevOps 的兩大實踐方法：三步工作法與 CALMS，依照這些指導原則進行改善，落實組織對 DevOps 的實踐。

中文版推薦序（二）

陳正瑋 DevOps Taiwan Community 現任志工 / 前 Organizer

DevOps——自 2009 年誕生的這個玄妙 Buzzword，已擁有超過 10 年歷史；而在華文的 IT 圈中，我們約莫是從 2013~2014 年逐漸開始看見有人在網路上公開的提到 DevOps，至今雖不到 10 年，但也已有 6 至 7 年的時間。從前述的描述看來，不論是外文或華文 IT 圈，DevOps 都已是一個擁有多年歷史的老東西，面對這樣的老東西，不知你是否與我擁有著相同的疑問——「既然 DevOps 已被提倡這麼多年了，那究竟各企業實行 DevOps 的狀況又是如何呢？」

幸運的是我們不需要自己回答這個問題，因為自 2013 年開始，每一年在網路上公開發表的 State of DevOps Report 已為我們提供了解答。從每一年的 Report 中我們可以發現，雖然各企業實行 DevOps 的方向與進展有著明顯的差異，但隨著逐步實踐 DevOps，企業不約而同的有著相同的看法——DevOps 不只是軟體開發（Dev）與維運（Ops）的技術升級，若用另一個 Buzzword 來描述它，DevOps 即是一場關乎企業全體的「數位轉型」，軟體與科技能否幫助企業持續交付價值予客戶及利害關係人，即是其中的重要關鍵。

在本書 Accelerate 中，作者藉由多年的研究與分析，幫助我們進一步的探索並解答——何謂 DevOps？什麼是企業應當看重的「價值交付」？以及又有哪些可供參考學習的建議？DevOps，或者更正確一點我們應該說 BizDevOps，建立看重商業價值（Biz）的持續改善（DevOps），才能真正幫助企業走向正確的數位轉型之路。

最後，讓我再次呼應本則推薦序的開頭——DevOps 不僅是擁有 10 年歷史的老東西，它更是持續朝向下一個 10 年發展的新玩意，縱然我們總是不乏聽見人們試圖高聲疾呼「DevOps 已死」，但綜觀看來真正影響「死亡」的並非 DevOps 本身，而是在實踐 DevOps 的漫長旅程中，人們漸漸的放棄了 DevOps 的重要精神——持續改善。期盼這本 Accelerate 能為你企業的 DevOps Journey 增添更多助力，未來能在各個在地的 DevOps 社群及 DevOpsDays 研討會中聽見屬於你的 DevOps 實踐經驗。

目錄

第一篇　我們發現了什麼

▌ Chapter 1　加速 　　　　　　　　　　　37

▌ Chapter 2　測量績效 　　　　　　　　　47

▌ Chapter 3　測量並改變文化 　　　　　　63

本書圖片

本書表格

前言

Martin Fowler 撰

數年前我讀到一篇報告寫著：「現在我們可以有信心斷言：高 IT 績效與強勢的企業績效相關，有助於增強生產力、盈利及市佔率。」當我讀到那樣的東西，我慣常反應就是奮力把它扔進垃圾桶，因為那通常是胡說八道假冒科學。然而，這次我遲疑了，因為這是《2014 年 DevOps 境況報告》。其作者之一是 Jez Humble，是個熟識且如我一般對這種廢話連篇過敏的同事兼朋友（雖然我該招認，另一個不丟垃圾桶的理由其實是我在自己的 iPad 上讀這篇文章）。

因此，我反而寄了電子郵件給 Jez，想搞清楚這句話背後的意義究竟為何。數週後，我跟他與 Nicole Forsgren 通上電話，Nicole 很有耐心地逐步演示其論證。雖然他們所用的那些方法並非我的強項，但她說得也夠了，足夠說服我其實是有真正的分析在進行中，遠超過我通常所見，甚至超過我在學術論文中所見。我興致勃勃跟進了這篇《DevOps 境況報告》，但挫折感也隨之增長：該報告顯示了他們的工作成果，但從未包含那些 Nicole 在電話上對我逐步演示的說明，這會大大削弱他們的信譽，因為僅有少許證據顯示他們的報告不只是根據臆測。最終，看見這些幕後的我們大夥說服了 Nicole、Jez 與 Gene，讓他們藉由寫作此書來揭示其方法。對我而言，這真是漫長的等待，但很高興我終於有點東西，可以誠心推薦給大家，作為一種看待 IT 交付效用的方式－－一種不只根據零星分析師散亂的經驗的方式。

他們描繪的願景引人入勝，描述到有效的 IT 交付組織，是如何只花費一個小時，就可以把程式從「提交至主線」（committed to mainline）推送到「在生產環境中運行」，同樣的旅程在一些次等的組織可能會花上數個月；因此，他們的軟體一天會更新數次，而不是每隔數月才更新一次，增

進了他們的能力運用軟體來探索市場、回應事件，以及比競爭對手更快速發布功能的種種能力。而如此回應敏捷性（responsiveness）的大躍進並不需要付出（失去）穩定性的代價，因為這些組織，會以比其他較低績效的同業快上數倍的速度就發現其更新導致了故障，而且這些故障通常在那一小時內就會修復（ **譯註**：因為放大回饋迴路，發布很頻繁，請詳內頁）。他們的證據駁斥了雙模式（ **譯註**：亦即統計中雙峰分布）的 IT 觀念：您必須在速度與穩定性之間取捨－反之，速度有賴於穩定性，所以良好的 IT 實踐能讓您魚與熊掌兼得。

所以，可能如您預期，我很高興他們已經將此書付梓，而且在未來數年間我也別無選擇，只能推薦之（我已經在演講中引用此書草稿的諸多片段）。然而，我還是要提醒幾點，的確他們在解釋上下足了功夫，讓我們了解到，為何他們著手問卷調查的一些方法可以讓這些問卷調查成為其資料的良好基礎，然而，這些仍不脫是一些刻劃主觀見解的一些問卷調查，而且我也想知道他們的母群體樣本（population sample）如何能反映總體 IT 界實況。一旦其他團隊（運用不同方式）也能證實他們的推論，那麼我會對他們的研究成果更具信心。此書已經有一些這樣的案例，就是 Google 對於團隊文化的研究成果提供了更進一步的證據，可以支持他們的判斷：有 Westrum 式生機型（generative）組織文化（ **譯註**：社會學家 Westrum 研究指出，在高風險及複雜的領域，如：飛航與醫療保健，可以優化資訊流通的良好文化，並預期得到好結果，這其實不是什麼新觀念，當然也會對軟體交付與組織績效很有幫助，如 DORA 研究報告所指出。而 Westrum 提出 3 點良好資訊流的特徵：1. 為需要問題解答的接收方提供答案、2. 及時、3. 是以接收方可有效運用的形式呈現。而他也發展出一些範型：績效導向、高度合作、不斷來使、分攤風險、跨越鴻溝、故障引致調查、實踐創新。其實軟體工程本身就是高度風險的大工程，即所謂 risky undertaking，或者是冒險進取的創業精神，即所謂 Promethean enterprise，故而很適用類似的方法論，書中有相當篇幅解釋，其研究請參閱 http://bmj.co/1BRGh5q），對於高績效的軟體團隊而言有多麼重要。如此進一步的研究也讓我更不必憂慮他們的結論坐實了我

的倡議（烏鴉嘴）–**確認偏誤**（confirmation bias，■譯註■：心理學名詞，其實就是一種現象，即人們會選擇性尋找能支持自己的假設或論證，而刻意忽略反面聲音，造成的認知偏誤，讓人不合理地強化對自己理論的合理性，這種選擇性擷取資訊的現象，簡言之就是成見或刻板印象）是一股強大力量（雖然我大多在他人身上注意到;-)）。我們也應該記住，他們的書專注在 IT 交付，也就是說，是個從提交（commit）到生產環境（production）的旅程，並非整個軟體開發流程。

但是這些吹毛求疵，就算存在，也不該讓我們分心，偏離對此書的信賴。這些問卷調查，以及就這些問卷調查所做的仔細分析，為當今可以大大改善大多數 IT 組織的一些實踐，提供了最好的辯護。任何經營 IT 集團組織的主事者，都應該要好好端詳這些技巧與成果，學以致用改良其實踐；而任何與 IT 集團組織共事者，無論是在組織內部或如我們一般的 IT 交付公司，都應該尋求這些實踐各就其緒，以及伴隨之持續改善的穩健程序。Forsgren、Humble 與 Kim 已經鋪陳了願景，讓大家知道 2017 年時高績效的 IT 組織為何；而且 IT 從業人員應該執此按圖索驥，加入高績效俱樂部。

Martin Fowler

ThoughtWorks 首席科學家

前言

Courtney Kissler 撰

我個人的旅程在 2011 年夏天開展。當時我在 Nordstrom 工作，而且我們做了一個策略決定：專注在數位化來作為成長動力。直到那時，我們的 IT 組織是就成本考量優化的；在 2014 年 DevOps 企業峰會的一場講演上，我分享了我的「啊哈」時刻之一：從就成本轉移到為速度優化組織；一路來我犯了不少錯誤，故而尋思若當時手邊有這本書該有多好。我們常掉進的陷阱－像是嘗試頒佈由上到下的命令來採行 Agile，覺得那應該一體適用，而非著重在量測（或是測量對的事物），領導階層依然故我，並且把這樣的轉型只看做是既定程序，而非創造一個學習型組織（從未做到過）。

在這趟旅程自始至終，焦點慢慢轉移到成果導向的團隊結構，明白我們的週期（藉由理解我們的價值流圖(value stream map or mapping, VSM，**譯註**：是一個簡單的圖示／圖解，闡明其中牽涉到的每個步驟，以及所需的資訊流，以將產品從下訂一路帶到交付階段。價值流圖有 3 種：current 即現況、ideal 即理想、future 即未來；現況顧名思義，理想就是完美狀況下，沒有任何阻撓，而未來就是願景，比如 6 到 12 個月內想達到的狀態)致之）、限制波及範圍（從一兩個團隊開始 vs.好高騖遠）、運用數據去驅使行動與決策、承認工作就是工作（不要每種工作都有各自的待完成項目(backlog)，例如功能有一個，技術債也一個，運維工作也有一個；反之，應該只要有單一待完成項目，因為這些非功能性需求(NFRs non-functional requirements)也應該被視為功能，而且減輕技術債可以改善產品穩定性）。以上沒有任何一項是一蹴可幾的，而且費了我們很多工夫去一邊實驗，一邊調整。

就我所知屢試不爽的是，採行書中的指引會讓您的組織運營績效更高，這對所有的軟體交付都有效，而且不同方法論皆適用。我個人體驗過，並有多個應用這些實踐的案例：大型主機環境、傳統套裝軟體應用交付團隊以及產品團隊。這對各領域階層全面有效，而實行之需要紀律、堅持不懈、轉型的領導統御（**譯註**：原文筆誤成transformational，實為語言或數學上的轉換，應作 transformative 才有變革之意，貫串全書應皆做此訂正）並且要專注於人，以人為本。畢竟，人是組織的頭號資產，但往往組織卻不這麼運作。儘管這趟旅程不好走，我可以說這絕對值得；不只您會看到更好的成果，團隊也會快樂許多。舉例來說，當我們開始測量員工淨推薦值（eNPS employee Net Promoter Score，**譯註**：這就是員工體驗設計的目標，量度公司員工有多推薦自己的公司，增進員工與公司的互動，深入了解員工，設計體驗迎合他們的需要，讓員工感受到被重視，增加其投入度並降低流失率，建立共享企業文化，讓員工與公司一同成長，本書中有論述）時，有習練這些技巧的團隊，在我們整個技術組織中都是獲得最高分（淨推薦值）的。

一路走來，另外一個我學習到的是，資深領導階層的支持是至關重要的，而且要是以行動支持，不是空口說白話而已。資深領導需要表態全力支持打造一個學習型的組織。我會分享所欲塑造我團隊的一些行為。我堅信尊重現實並從中汲取教訓。若我是資深領導，而我的團隊對於分擔風險並不自在，那麼我永遠無法真正地了解現實。況且，若我並不是真心好奇，而只有當故障失靈才出現（被動），那我作為資深領導就是失敗的。重要的是得建立信任並表明故障失靈（失敗）應該引致（有系統的）追根究底（參見本書中 Westrum 模型）。

一路上您會與一些懷疑論者狹路相逢，我聽過一些像是「DevOps 就是新的Agile」、「Lean（精益）不適用軟體交付」、「當然這個對行動應用團隊有效，他們可是獨角獸」。當我遭遇這些懷疑論者，我嘗試運用外部案例試圖左右議論，我一路來借助導師（mentor）－要不是有他們在，要維持專注可是困難重重。書到用時方恨少，千金難買早知道，我強烈鼓勵您在自己的組織中運用之。我在零售業度過我大部分職涯；在那一行，能與時俱進已經越來越是關鍵，而且如今交付軟體已經深植每個組織的 DNA。請勿忽略此書中勾勒出來的科學，它將會幫助您加速（accelerate）轉型蛻變成高績效的技術組織。

Courtney Kissler

Nike 數位平台工程副總裁

速查：驅動改善的能力

我們的研究揭露 24 種關鍵能力，能驅動軟體交付績效改善。這份速查會指引您到書中相關章節，詳細指南請見附錄 A，這些條目並非以特定次序呈現。

這些能力可以區分為 5 大類：

- 持續交付

- 架構

- 產品與流程

- 精益（Lean）管理與監控

- 文化

持續交付能力

1. 版本控管：第 4 章

2. 部署自動化：第 4 章

3. 持續整合：第 4 章

4. 主幹（trunk-based）開發：第 4 章

5. 測試自動化：第 4 章

6. 測試資料管理：第 4 章

架構能力

產品與流程能力

精益管理與監控能力

文化能力

序

從 2013 年尾開始，我們著手進行一趟為時 4 年的研究旅程，調查何種能力與實踐對於加速軟體開發與交付而言是重要的，並且進而為公司創造價值。這些成果於其獲利能力、生產力以及市佔率反映出來，而在非商業範疇的成果，如：效用、效率以及客戶滿意度上，類似的強烈影響也比比皆是。

這項研究填補了當前市場尚未被滿足的需求，藉著運用傳統上僅見於學術界的嚴謹研究方法，並採用業界通俗易懂的形式，我們的目標是推進軟體開發與交付的前沿。藉由以統計上有意義的方式，去幫助業界發現並了解那些真正會驅動績效改善的能力－不僅僅只有軼事，而且也超越單一或多個團隊的經歷－我們可以幫助整個業界改善。

為了進行本此書中的研究（除了我們仍在積極進行的研究以外），我們還運用了**橫斷研究**（cross-sectional study，**譯註**：原為心理學或流行病學中常用的研究方法，後來也常被應用於社會科學，意指在同一段時間內，觀察或實驗比較同一個年齡層或不同年齡層的受試者之心理或生理發展狀況）。同樣的方法也應用在醫療保健相關研究（例如，調查啤酒與肥胖之間的關係，Bobak 等人於 2003 年）、工作場所研究（例如，研究工作環境與心血管疾病之間的關係，Johnson 與 Hall 於 1988 年），以及記性研究（例如，調查記性發展與衰退的差異，Alloway 與 Alloway 於 2013 年）。因為我們的確想調查業界，並想瞭解到底是什麼因素以一種有意義的方式在驅動軟體以及組織績效中的改善，所以我們運用了嚴謹的學術研究設計方法，並將我們大部分成果發表在學術同儕審議的期刊上。若想深入了解我們研究中所運用的方法，請查閱第二篇：研究。

研究
········

我們的研究蒐集了全世界超過 23,000 份的問卷回覆，我們得到超過 2,000 個不同組織的回應，從只有不到 5 名員工的小新創公司，到有超過 10,000 名員工的大企業不一而足。我們從新創公司蒐集資料，也從技術尖端網路公司還有具嚴格規範之業界，如：財經、醫療保健與政府機關等蒐集資料。我們的資料與分析包括了在全新「綠地」（greenfield）上開發的的軟體，還也囊括了舊有程式（lagacy code）的維護與開發。

無論您是運用傳統的「瀑布」式（waterfall）方法論（也稱作門禁式(gated)、結構式(structured)或計畫驅動式）而正要起步您的技術轉型，抑或是您已實施敏捷或是 DevOps 實踐多年，本書中的調查結果一體適用。這是千真萬確的，因為軟體交付就是一種持續改善的操練，而且我們的研究顯示，年復一年，佼佼者就是會不斷進步，而那些無法改善的只會越落越落後。

大家都可以改善

我們對理解如何測量並改善軟體交付的追尋，充滿了洞見與驚喜，這故事的寓意（由資料證實）如是：只要領導階層的支持始終如一－（這支持）包括了時間、行動與資源－展現了對改善的真正奉獻，並且團隊成員也投入在其工作中，那麼對每個團隊乃至每家公司而言，軟體交付上的改善就會是可行的。

我們寫作此書的目標是分享我們所學，從而可以幫助組織卓而超群；培育更加快樂的團隊，會更快交付更好的軟體；且協助個人與組織成長茁壯。此序其餘將簡述該研究，敘述其如何開始，以及如何進行。關於研究背後的科學之更多細節，請詳本書第二篇。

旅程與資料

　　我們常常被問到關於這研究如何創始的故事。這其實是基於引人入勝的好奇心，想探究到底是什麼因素讓高績效的技術組織偉大，以及軟體能如何讓組織更上層樓。在 2013 年尾合力寫作之前，每位作者在各自平行的途徑上孜孜矻矻，為瞭解卓越的技術績效：

- Nicole Forsgren 有資訊系統管理博士學位。在 2013 年以前，她花了數年時間，研究使技術在組織中影響深遠的眾多因素，尤其是那些建構軟體與支持基礎設施的專家間的不傳絕秘。就此主題，她已寫作了數十篇經同儕審議過的文章。在取得博士學位之前，她曾是軟體、硬體工程師，並且曾是系統管理員。

- Jez Humble 是《持續交付》、《Lean Enterprise》與《The DevOps Handbook》等書的共同作者。他大學畢業後的第一份工作，是 2000 年在倫敦的一家新創公司，爾後從 2005 到 2015 年，他在 ThoughtWorks 工作了 10 年，交付各式各樣的軟體產品，並作為基礎設施專家、開發者及產品經理的角色提供諮詢服務。

- Gene Kim 從 1999 年以來就一直研究高績效技術組織。他是 Tripwire 公司的創辦人暨 CTO 長達 13 年，同時也合著了許多書，包括《鳳凰專案》與《The Visible Ops Handbook》。

在 2013 年尾，Nicole、Jez 與 Gene 開始與 Puppet 公司的團隊合作，一起準備《2014 年 DevOps 境況報告》[註1]。藉由結合實務專業與學術謹嚴，該團隊於是乎產出業界中獨一無二的成果：一份具有洞見的報告，深入剖析如何以可預期的方式，協助技術交付價值給員工、組織乃至於客戶。在隨後的 4 份報告中，Nicole、Jez 與 Gene 持續與 Puppet 的團隊協作以迭代（iterate）研究設計，並持續改善業界對於諸多領域的理解，如什麼能促成極好的軟體交付，什麼可以賦能（enable）偉大的技術團隊，以及公司如何能變成高績效組織，並且藉著利用技術在市場中勝出。此書涵蓋了累積 4 年的研究發現，以該境況報告為始（2014 年至 2017 年）。

為了蒐集資料，我們每年會寄出邀請給我們的郵寄名單（mailing lists），並借助社群媒體，包括 Twitter、LinkedIn 以及 Facebook。我們的邀請針對在技術領域工作的專家，特別是那些熟悉軟體開發與交付典型及 DevOps 的專家。我們鼓勵讀者去邀請那些或許也在軟體開發與交付領域工作的朋友及同儕參與，來幫助我們拓展觸及範圍。這叫作滾雪球採樣，而我們會在第 15 章：專案資料中談論到為何對這種研究專案而言，這是一種恰當的資料收集方法。

我們研究專案資料來自問卷調查，會運用問卷調查是因為，這是短時間內從成千上萬組織收集大量資料的最好方式。而為何良好的研究可以從問卷調查著手，還有為確保收集到的資料是可考且準確而採取的步驟等相關討論，請詳第二篇，其中將會涵蓋此書背後的科學與研究。

註1　重要的是，請注意《DevOps境況報告》在 2014 年之前就已經起頭，在 2012 年，Puppet 公司的團隊邀請 Gene 參與某個正在開展的研究（當時為第二次迭代），試圖更瞭解某個不太為人知（稱作 DevOps）的現象，想瞭解 DevOps 是如何被採行，以及組織就其所見的績效優勢。隨著第一次 DevOpsDays 大會、Twitter 上的討論，以及 John Allspaw 與 Paul Hammond 兩位具開拓性的演說而「DevOps」概念成形伊始，一直以來 Puppet 都是該 DevOps 運動的重大擁護者暨先驅。於是乎 Gene 邀請了 Jez 參與了該項研究，並一起蒐集且分析了來自全世界 4,000 份問卷調查，是該種問卷調查中規模最大的。

在此勾勒出該研究的大綱以及其歷年來的演變。

2014 年：打下基礎。交付績效與組織績效

我們首年研究的目的，是為瞭解組織中軟體開發與交付打下堅實基礎。有些關鍵的研究問題如下：

- 交付軟體的意涵為何？這可以被測量嗎？

- 軟體交付對組織有深遠影響嗎？

- 文化重要嗎？那我們怎麼測量之？

- 什麼樣的技術實踐看來是重要的？

首年的許多成果讓我們非常驚喜，我們發現軟體開發與交付，可以用統計上有意義的方式來測量，並且高績效者做得是始終如一地好，比許多其他公司都好上許多；我們也發現通量（throughput，譯註：亦作吞吐量，即能處理的工作或任務量，即生產能力）與穩定性是連動的，還有組織製造軟體的能力是會正向地深遠影響獲利能力、生產力及市占率。我們看到文化與技術實踐舉足輕重，並發現如何測量之，這些都涵蓋在本書第一篇的內容中。

我們團隊也修訂了以往大多數資料被測量的方式，從簡單的**是／否問題**進化到**李克特型式**（Likert-type，譯註：即是李克特五點量表如文字與分數綜合量表：非常不滿意(1)、不滿意(2)、尚可(3)、滿意(4)、非常滿意(5)。而選項數量使用奇數比偶數好，因為奇數有中間值，偶數沒有中間值，沒有中間值會造成不等距。五點量表會優於使用四點或是七點的量表。字與分數綜合型的選項最好。而單向式問法也使受訪者較容易思考如：非常喜歡到非常不喜歡，而不是非常喜歡到非常討厭）的問題（其中受訪者可以從「非常不同意」到「非常同意」這個範圍的選項中選擇）。如此這般在問卷調查問題上簡單的變化，讓我們團隊能收集更具微妙差異的資料－就會有灰階變化而不

是非黑即白的二分法，這麼做是為更詳細的分析留餘地。關於作者何以為此研究專案選擇運用問卷調查，以及為何您可以信任他們這種基於問卷調查的資料，請詳第 14 章：為何運用問卷調查。

2015 年：拓展成果並深化分析

正如同技術轉型與業務成長，研究開展也不外乎迭代、逐步改善以及一再驗證重要成果。有了首年發現作為墊腳石，我們第二年的目標，就是要再驗證並確認一些關鍵的發現（例如軟體交付可以用統計上有意義的方式來定義且測量，軟體交付對組織績效影響深遠），同時拓展這個模型。

在此羅列一些該研究關注的問題：

- 我們可以一再驗證軟體交付對組織績效影響深遠嗎？

- 技術實踐與自動化對軟體交付影響深遠嗎？

- 精益（lean）管理實踐對軟體交付影響深遠嗎？

- 技術實踐與精益管理實踐，對於會影響我們勞動力的諸多工作上的面向−如與程式部署與過勞相關的焦慮−影響深遠嗎？

再一次，我們得到了一些很棒的確證還有一些驚喜。我們的假設得到支持，證實並擴展了我們前一年的勞動成果，這些成果可以在第一篇中見到。

2016 年：拓展調研深入技術實踐，並探索界定模糊的前端領域

在第 3 年，依舊在我們模型的核心基礎上建構，並拓展之以探索額外技術實踐的重要性（如：安全性、主幹開發以及測試資料管理）。而與從事產品管理的同事對話後，深受啟發，我們也更向上拓展了我們的調查，看看是否我們能測量當前轉移的深遠影響：從傳統專案管理實踐，轉向應用精

益原則於產品管理中。我們拓展了調查以囊括品質量測，如：缺陷、重工與安全性補救。最後，我們也納入了額外的問題，以幫助我們瞭解技術實踐如何影響人力資本（human capital）：員工淨推薦值（eNPS）以及工作認同－－一個很可能可以降低過勞的因素。

以下為我們的研究問題：

- 將資安整合進軟體開發與交付，是有助於流程抑或拖慢之？

- 主幹開發有促成更加好的軟體交付嗎？

- 以精益方式進行的產品管理是軟體開發與交付重要的一環嗎？

- 良好的技術實踐可有促成更強大的公司向心力？

2017 年：納入架構、探索領導角色並測量非營利組織的成功

研究第 4 年，我們轉往研究以下問題：系統架構如何設計，以及架構對團隊與組織交付軟體與價值能力的深遠影響。我們也拓展了我們的研究，以納入額外的價值度量：即超越獲利能力、生產力與市佔的價值，從而使該分析能吸引非營利受眾。該研究在這一年也探索了領導的角色，以測量組織中領導統御轉型（**譯註**：原文應更正作 transformative leadership，請見第 20 頁的譯註）的深遠影響。

在第 4 年推動我們研究的問題為：

- 何種架構實踐可以驅動軟體交付績效中的改善？

- 轉型的領導統御如何對軟體交付有深遠影響？

- 軟體交付對非營利成果有深遠影響嗎？

結論
. . . .

　　我們希望隨著您閱讀此書時，您會發現作為一個技術專家暨技術領導，能讓您組織更上層樓的基本要素－從軟體交付開始。正是透過改善我們交付軟體的能力，組織才可以更快交付功能，必要時隨機應變、回應合規性（compliance）與安全性變更，並利用快速回饋以吸引更多顧客，還可以取悅現有顧客。

　　在接下來的數章中，我們會發掘一些關鍵能力，是會推動軟體交付績效的（並定義什麼是軟體交付績效），且簡短觸及每種能力中的關鍵點。本書第一篇會呈現我們的研究發現，第二篇討論我們成果背後的科學與研究，第三篇展示一個案例研究，揭示當組織為了推動績效而採行這些能力並付諸實踐，會創造什麼樣的可能性。

譯序

　　時序要回到 2009 年，那時候 Flickr 的 Ops 頭 John Allspaw 與 Dev 頭 Paul Hammond 在 Boston 的 O'Reilly Velocity Conference 2009 給了一場有名的演講，造成非常大的迴響，並且震動了 Patrick Dubois，因為他自己先前在 Toronto 的 Agile Conference 講〈Agile Infrastructure〉時，只有小貓朋友一隻，後來決定不講了。Patrick 遠端觀看了 John 與 Paul 唱雙簧，遂創造 DevOps 這個（複合）名詞，Patrick 決定用 DevOps 來創設 DevOpsDays Conference，因為 Agile System Administration 太繞口了，多虧了 DevOps，才有如今的影響力而且海納百川，因為這本就遠不止 Sysadmin 而已。

　　Yahoo! 於 2005 年併購 Flickr，而譯者於 2010 年加入，其實當時公司內有很多先進也在差不多的時間尋思更好的團隊合作方法論，但是那時候不似今日百家爭鳴，所有的工具都付之闕如，需要自己從頭刻起，當時我們就有類似 docker 與 kubernetes 的工具，而譯者本也打算轉調總部打造類似的工具應用。當時 John 與 Paul 分享的 blameless、feature switch、dark launch 等等，其實在 Yahoo! 是慣常，我們當時光是 capacity planning 與相關的準備工作就要花三年，打造 blameless 文化也費三年，當時 Jenkins 叫 Hudson，我們自己用 perl 寫了很多工具，而流水線（pipeline）裡有超過 2000 個 jobs。我們焚膏繼晷在持續改善，從一個禮拜 release 兩次，進步到一天 release 兩次。我們最多流水線上有六把火在燒，今日回顧頗堪玩味，其實大多數還是由於 code push 導致，而我們的工作就是把元件版本進進退退，找到問題所在，這一切都立基於 srcum。

翻譯這本書的緣起，是繼譯者之前之前翻譯 Google《網站可靠性工程工作手冊》的遺緒，還有廣大讀者社群的反映與呼籲，如今 SRE 靠近 Ops 端，而 DevOps 靠近 Dev 端，可以把拼圖補齊，此書交代了很多核心觀念，是 SRE 系列所未觸及的，我想可能被很多工程師當作理所當然，我們那時候呼吸的空氣都是 CI/CD。非常感謝 Nicole、Jez 與 Kim 把這背後的科學做了完整的交代，讓大家可以讀懂後續的著作，而翻譯期間也很感謝 Nicole 的協助，釐清一些表達，並有雅量接受建議，真的是大家風範，也把持續改善的心法延伸到寫作，我最欣賞的是，作者們很在乎自己的寫作，言之有物，文以載道，誠典範也。

　　最後譯者鳴謝：感謝旗標出版社的彥發副理，慨然接受我的提案，並且負擔了很多庶務工作，讓譯者有很多學習。另外感謝帶譯者進 DevOps 的 Yahoo! 林俊宏先生（Rax），到今天仍然春風風人；感謝我們的 Senior Architect Hans Kieserman、Senior Director Shay Holmes 誨人不倦。也感謝當時台灣方面的 Media Director 曾儒龍先生，是我們 executive 的後盾，還有 Yahoo! Search 的許明彥先生，在採行與推廣上也給我們很多助力。感謝譯者的業師台南大學林雯玲教授，在翻譯上給了很重要的建議，定了方向與規範，另外謝謝譯者的國文老師陳朝明老師，在文字與寫作上給譯者打下基礎。謝謝譯者公司（The Campaign Registry）的 VP 蔡正鈞先生與 EM 簡聖邲先生，身體力行實踐本書的觀念讓團隊獲益匪淺並支持如許譯作。最後想謝謝譯者的家人，謝謝你們再次支持，妻子操持家務，孩子們自律做功課，謝謝你們。

　　　　　　　　　　　　　譯者 江少傑 謹識 2022 季冬於台北萬華寓廬

我們發現了什麼

　　裝備了穩健的資料收集與統計分析技能（將在第二篇中細細討論）後，於過去數年從事撰寫《DevOps 境況報告》的過程中，我們得以發現重大且有時令人驚喜的結果。我們也可以測量並量化軟體交付績效、其在組織績效上的深遠影響、以及種種促成這些效果的能力。

　　這些能力著落在不同範疇，如：技術、流程以及文化方面。我們測量了**技術實踐**（technical practices）對文化的深遠影響，以及文化對交付與組織績效所起的作用。就截然不同的能力（如：架構與產品管理）而言，我們著眼這些能力在促成前述面向上的貢獻，以及導致的其他重要永續性後果（如：過勞及部署的折磨）。

　　在本篇我們會呈現這些結果。

01

加速

「外甥打燈籠－照舊」已不再足以維持競爭力。各行各業的組織，從金融銀行業至零售、電信、甚至是政府機關，都對運用有著長**前置時間（lead time）**之大型專案來交付新產品與服務敬而遠之。反之，他們運用以短週期（**譯註**：即 agile）運作的小型團隊，並從使用者端測度回饋，以打造產品與服務取悅其客戶，並**快速交付**價值予其組織。這些高績效團隊精益求精，想盡辦法掃除途中一切障礙；甚至為達目標甘冒高風險與不確定性。

為了保持競爭力並在市場上出類拔萃，組織一定要**加速（accelerate）**下列事項：

- 交付貨品與服務以取悅其客戶。

- 投入市場以偵測並瞭解客戶需求。

- 預期會衝擊其系統的合規性與監管（方面）變更。

- 回應潛在風險如安全性威脅或經濟（制度）變更。

諸如此類加速的關鍵就是**軟體**，這放諸於任何行業組織皆準。銀行不再緊抓著保險庫中的金條不放才能交付價值，反而是藉著更快速且安全的交易，以及藉由發現新渠道與產品來吸引客戶。零售商藉著提供客戶更優質的選擇與服務來贏得青睞並留住客戶，服務形式包含快速結帳體驗、於結帳時推薦產品、或是無縫的線上／離線購物體驗－因為科技，這一切都變成可能。政府組織引證駕馭科技的能力，是讓公眾服務更有效果且有效率的關鍵，同時節約納稅人的錢。

軟體與科技，是組織交付價值予客戶及利害關係人的關鍵差異化因素（分水嶺），這從本書勾勒出的研究中已發現到，而且其他人也注意到了。例如：波士頓大學的 James Bessen 晚近研究發現，比起併購（M＆A，mergers and acquisitions）與企業家精神，科技的策略性運用更能闡明營收與生產力增益（2017 年）。Andrew McAfee 與 Erik Brynjolfsson 也發現技術與獲利能力之間的關聯（2008 年）。

　　軟體正在轉型並且加速各式各樣的組織。本書中提到的實踐與能力，已經在現知的 **DevOps（Development 和 Operations 的複合縮略詞）運動**中浮現，並且正在將各行各業轉型。DevOps 從此間浮現：少數組織面臨一個邪惡的問題，就是如何打造安全、適應性強、快速演化的大大小小（at scale）分散式系統。為了保持競爭力，組織一定要學習如何解決這些問題。我們見證歷史悠久且技術陳舊的大型企業，透過採用書中勾勒出的能力，也能獲得顯著益處，如交付加速與更低的成本。

★ **譯註**

(1) at scale 指的是系統規模可大可小，各有其適切的規模，不見得都是大規模，一般會誤譯為大規模，其實不只是大規模而已，這些分散式系統無論大小都能從 DevOps 中得益。

(2) DevOps 是一套實踐（practices）、工具與文化哲學，旨在自動化並整合軟體開發團隊與 IT 團隊之間的流程；DevOps 強調賦權團隊、跨團隊溝通與協作、及技術自動化。詳見《Effective DevOps》中文版（譯者前同事 Jennifer Davis 著，陳正瑋譯）。

　　雖然很多組織在其技術轉型上已經獲得巨大的成功（值得一提的範例包括網路規模科技巨頭如：Netflix、Amazon、Google 與 Facebook，以及比較傳統的大型組織如：Capital One、Target 與美國聯邦政府的科技轉型服務與美國數位服務），還有很多待完成的工作，無論是在更廣大的產業或在個別組織的內部。一份 Forrester（Stroud 等人於 2017 年發表）報告顯示，業界中有 31% 沒在運用那些廣泛被認為是對「加速技術轉型」而言必要的實踐與原則，比如持續整合與持續交付、精益實踐（Lean practices），以及協作文化（即 DevOps 運動一再擁護的能力）。然而，我們也知道如今科技與軟體轉型在組織內部是當務之急。一份晚近的 Gatner 研究報告發現，有 47% 的 CEO 面臨董事會施加的壓力，要求進行數位轉型（Panetta 於 2017 年）。

在眾多組織內部，技術轉型的旅程各處於不同階段，而且報告意味著：尚須完成的工作可能比我們多數人想像的還多。另一份 Forrester 研究報告指出：DevOps 正在加速技術，但組織經常高估了自己的進展（Klavens 等人於 2017 年）。再者，報告指出，與真正執行工作者相比，領導階層尤其易於傾向高估其進展。

這種領導階層與從業人員彼此在 DevOps 成熟度估計上的脫節（disconnect），突顯出領導們常常欠缺的兩種考慮：第一，若我們假設來自從業人員之 DevOps 成熟度或能力估計比較準確的話－因為他們更靠近執行前線－那麼價值交付和組織內成長的潛力是遠超過領導們目前的認識。第二，這樣的脫節讓我們明白到，準確測量 DevOps 能力的需要，並且與領導階層溝通這些量測結果，讓他們可以據之做決策，並供策略謀畫借鑑，調整組織技術態勢。

1.1 專注在能力，而非成熟度

技術領導需要快速並可靠地交付軟體，以期在市場上勝出。這對於許多公司來說，尚有賴於在交付軟體的方式上做出重大變革。變革成功的關鍵在於測量並瞭解正確的事物，專注在**能力**（capability）上－而非**成熟度**（maturity）。

儘管成熟度模型在業界非常受歡迎，我們還是一再強調：成熟度模型並非合用的工具，亦非恰當的思維模式。反之，對想要加速軟體交付的組織而言，轉移到以**能力模型**為主軸的量測是有其必要。這是由於四種因素的影響：

★譯註 能力模型（capability models），或所謂的軟體流程能力（Software Process Capability），描述了遵循一套軟體流程所能達成之預期結果的範圍。一個組織的軟體流程能力提供了一種預測方法，可預知該組織下一個即將從事的專案，所可預期之最有可能結果。而相對的軟體流程績效（Software Process Performance），代表了遵循一套軟體流程實際上達成的結果。因此，軟體流程績效側重在所達成結果，而軟體流程能力側重在所預測結果。基於特定專案的屬性，與專案進行的脈絡，實際上的專案績效也許無法反映該組織的全部能力；也就是說，專案的能力是受限於其環境。例如，所從事技術或應用中有劇烈（根本）的變化，那麼專案從業人員就需要經歷一番學習曲線（learning curve）才能上手，導致其專案能力與績效未能達到該組織全部（完全）的流程能力。詳見卡內基美隆大學（CMU）軟體工程學院（SEI）1993 年發布之技術報告：軟體能力成熟度模型（版本 1.1），即所謂的 CMM（Capability Maturity Model）https://bit.ly/3Cw1RTy，報告中對能力模型有詳盡討論，並且對領導階層與從業人員之間的認知落差也有類似的描述：雖然軟體工程師與主管們通常瞭解其問題鉅細靡遺，彼此仍可能會對何改進最為重要產生歧見。若沒有組織周詳的改進策略，主管與專業人員之間很難達成共識，俾能協議從事何種改進為先。

第一，成熟度模型專注在幫助組織「抵達」某種成熟狀態，並宣稱他們已經走完旅程；可是技術轉型應該遵循一種**持續改善**的典範。或者是說，能力模型專注在讓組織不斷改善進步，瞭解到技術與業務形勢是不斷變化的（**譯註**：如《易經》言窮變通久，唯變不變）。最創新的公司與最高績效的組織，總是想著怎麼努力奮鬥變得更好，從不認為他們自己在改善或轉型的旅程上已「成熟」或「完成」了–而在我們的研究中也見證之。

第二，成熟度模型往往是種「鎖步」（lock-step）式或線性的方程式（**譯註**：暗諷人偷懶喜歡套公式按圖索驥卻不加思辨），為每一組團隊與組織開立類似的藥方：如相似的技術、工具應用（tooling）或是能力等，妄想可以一體適用。成熟度模型會臆斷：遍及所有的團隊與組織來說，「等級一」與「等級二」都是一模一樣的，但是以我們在科技業打滾多年的經驗都知道絕不是這麼回事。相比之下，能力模型是多維度（multidimensional）且靈動的，讓組織的不同部門可以量身打造屬於自己的改善方式，並專注在這些能力上：根據其當前脈絡與長短期目標，可使他們受益最多者。團隊各有自己的脈絡，而為加速轉型後續應該專注的項目就有賴於此。

第三，能力模型專注在關鍵結果，以及這些能力或槓桿（手段），如何在那些結果中驅動了改善–也就是說，這樣的模型是基於結果的。如此就概要的目標（專注在改善關鍵結果的能力）上，可以為技術領導階層提供清晰的方向與策略；這也讓團隊領導與個人貢獻者（individual contributor），可以就現階段團隊正在專注的那些能力，設定相關的改善目標。大多成熟度模型僅僅測量技術上的熟練度，或是工具應用（tooling）在組織中的安裝基數，卻不將之關聯到結果。如此一來最後就會流於虛榮指標而已；儘管測量起來相對容易，這些指標卻無法讓我們知道任何對業務上所造成的深遠影響。

★**譯註** 安裝基數（install base）是指工具應用業已安裝運作的數量，重點是「安裝運作」的量和所在地。

第四，成熟度模型為技術、流程與組織能力定義了一個靜態層級來達標，而他們卻沒有考量到技術與業務形勢是不斷變化的：今天認為是夠好甚至是所謂「高績效」，隔年就不夠好了。對比之下，能力模型為靈動的環境預留餘地，並容許團隊與組織專注在發展必要的技巧與能力，以維持競爭力。

藉著專注在能力典型（paradigm）上，組織可以持續驅動改善。且藉由專注在**對的**能力上，組織可以驅動其結果中的改善，從而更快且更穩定地開發並交付軟體。事實上，我們所見證的最高績效者就是這麼做的，年復一年不斷精益求精，並且永不滿足於昨天的成就。

▌1.2 於證據的轉型 - 專注在關鍵能力上

在能力與成熟度模型框架中，二者之間其實對於要專注在**哪些**能力上有分歧。產品廠商通常偏好與他們產品供應（product offering）一致的能力。技術顧問偏好與他們背景、服務及其獨門評估工具一致的能力。我們曾看過組織嘗試設計他們自己的評估模型、選擇與其內部佼佼者一致的技能集（skill set）、或是屈服於分析癱瘓，因為光是組織中需要改善的領域總數就很驚人了。

> **★譯註** 分析癱瘓（analysis paralysis）是指資料的蒐集永無止境，以致於沒有人有辦法把資料整合成有用的資訊，更不要說整理出一個有條不紊的解決方法。

因此，我們需要的其實是一種比較引導式、基於證據的解決方案，而本書中所描述的方式正是如此。

我們的研究洞悉了是何因素，俾使軟體交付績效與組織績效二者成為可能，而反映在獲利能力、生產力及市佔中。事實上，我們的研究顯示，下列常被援引的因素沒有半個能夠預示高績效：

- 該應用程式的歷史與運用的技術（例如，大型主機「記錄系統」對比綠地「輔助參與系統」）。

- 由運維團隊或開發團隊進行部署。

- 是否有實行變更審核委員會。

★ 譯註

(1) 綠地（greenfield）是指新的、未開發之處女地及領域。

(2) 紀錄系統（systems of record）是基要的組織資料儲存庫，可以從中參照重要決策如 SAP、ERP 或 CRM 等等。

(3) 輔助參與系統（systems of engagement）是在系統前沿輔助客戶參與，或是從業人員蒐集相關資料，以輔助系統或前述之記錄系統運作之相關系統（如：CRM、instrumentation、個人化、社交平台如 FB 或 LinkedIn 等等）。

(4) 變更審核委員會（change approval board CAB）亦作變更諮詢委員會（change advisory board），DORA 研究顯示，這種方法對軟體交付績效會有負面影響，也沒有證據支持該流程越正式變更失敗率就越低的假設。另外這種重量級流程會拖慢交付的速度，導致發布頻率降低，連帶拖累生產環境暴露在較高的變更風險之中，DORA 研究有資料證實這些。這樣的流程最好是以同儕審核的方式存在，跟隨 CI／CD 的步調，降低生產環境的風險是最高優先。

在軟體交付與組織績效的成功中，**的確**造成實際改變的事物，正是最高績效與最創新公司用以不斷精進領先的事物。我們的研究發現 24 個關鍵能力，可以驅動軟體交付績效改善，接著就是組織績效改善。這些能力可以很容易去定義、測量並改善[註1]。

註1　本書會幫助您起頭，去定義並測量這些能力（在附錄 A 中會條列出這 24 種能力，隨之有索引至討論該能力的章節），我們也會指引您向一些極好的資源，助您改善這些能力，因此就可以加速您自己的技術轉型旅程。

1.3 採行 DevOps 的價值

您也許會捫心自問：我們要怎麼知道驅動技術與組織績效的就是這些能力，而且為何如此有自信呢？

我們的研究計畫清楚發現到採行 DevOps 的價值，甚至比一開始所想像的還要更大。同時，高績效者和低績效者之間的差距也不斷拉大。

在接下來的章節中，我們會詳細討論如何測量軟體交付的績效，以及了解我們的同溫層（cohort）表現如何。總結來說，在 2017 年我們發現相較於低績效者，高績效者擁有以下幾點特徵：

- 部署程式碼的頻率高出 46 倍

- 從提交（commit）到部署的前置時間快上 440 倍

- 從停機期（downtime）恢復的時間平均快上 170 倍

- 變更故障率低 5 倍（某變更會故障的機率只有低績效者的 1/5）

與 2016 年的結果相比，績效高低者之間的差距在步調上（部署頻率與變更前置時間）縮小了，而在穩定性上（平均恢復時間與變更故障率）加大了。我們推測這應該是因為低績效團隊努力加快步調，但在將品質內建流程上卻投入不足，結果就造成更重大的部署失敗，同時會耗費更多時間來修復服務的惡性循環。高績效團隊明白他們不需要為了品質犧牲速度，反之亦然，因為藉由內建品質，他們就能二者兼得。

> **★譯註** 品質內建（build quality in）是指無時無刻考慮到品質的好心態與習慣，兢兢業業，孜孜矻矻。最有效的實踐就是測試驅動開發（Test Driven Development），品質與信心是建立在測試涵蓋率（test coverage）上，有充足的測試捕捉到正確的行為與驗收標準（acceptance criteria），在新功能開發上與程式碼重構（refactoring）上會更有信心；並且測試先行會強迫溝通需求與功能設計，將意圖澄清（clarify intentions），減少重工（rework），這就是內建品質的體現，也是高績效團隊的秘訣，詳見 Steve Freeman 與 Nat Pryce 合著之《Growing Object-Oriented Software Guided by Tests》一書https://bit.ly/3FyXYz5。

您也許會納悶：高績效者到底是如何達到這種令人驚異的軟體交付績效？他們是藉著拉動正確的操縱桿（槓桿）做到的－也就是說，藉著改善對的能力。

在 4 年研究計畫的期間，我們發掘了一些能力，能夠驅動軟體交付績效，並對組織績效有深遠影響，而且發現這些能力對所有型態的組織皆適用。我們的研究調查了各行各業大大小小的不同組織，運用舊有（legacy）或綠地技術堆棧（greenfield technology stacks），因此本書的發現也適用您個人組織中的團隊。

02

測量績效

現今有很多框架及方法論，力圖改善建構軟體產品與服務的方式。我們想要以科學方式發掘何者有效而何者無效，就從定義在此脈絡中什麼叫做「好」開始。本章會呈現我們為達成此目標所用的框架與方法，尤其是貫徹本書其餘部分所應用的關鍵因應措施（outcome measure）。

在本章末，希望您會通曉我們的方式，而對本書接下來所呈現的成果具有信心。

在軟體領域中要測量（**譯註**：全書 measure 若做動詞為測量，名詞則為量測，以區別之）績效有一定的難度－部分是因為，有別於製造業，軟體領域中所謂之庫存是無形的。再者，我們拆分工作的方式相對隨機，而且設計與交付相關活動－尤其是在敏捷軟體開發的過程中－是同時發生的。的確，根據嘗試實作所學到的教訓，可以預期我們會變通並演化我們的設計。因此，第一步必須要定義一種合理、可靠的**軟體交付績效量測**。

▌2.1 過去嘗試測量績效時的缺失

歷來有許多測量軟體團隊績效的嘗試，它們大多著重在生產力上。一般來說會有兩種缺點：第一，著重在**產出**（output）而非**結果**（outcome）。第二，著重在個別或局部的量測而非團隊或整體（全域）量測。讓我們來舉3種例子：程式碼行數、速度（velocity）與使用率（utilization）。

以程式碼行數來測量生產力在軟體界由來已久，有些公司甚至要求開發者紀錄每週提交（commit）的程式碼行數（例如蘋果電腦的 Lisa 團隊[註1]）。事實上就解決問題而言，我們偏好 10 行程式碼的解決方案，而非1,000 行的解決方案。若開發者增加程式碼行數，會導致軟體過於臃腫，進而背負更高的維護及變更成本。理想上，我們應該獎賞開發者以最少的程

註1　蘋果電腦的 Lisa 團隊發現到以程式碼行數作為生產力指標是毫無意義的，這段佳話有流傳下來：http://www.folklore.org/StoryView.py?story=Negative_2000_Lines_Of_Code.txt。

式碼解決業務問題－甚至完全不用寫程式或刪除程式碼（也許藉由業務流程變更就能解決之）更好。然而，精簡程式碼（行數）也不是一種理想的量測。從極端來看，這也會有其缺失：用一行程式碼就達成某任務，卻沒人能懂，還不如多寫幾行易懂且便於維護的程式碼。

> ★ **譯註** Apple Lisa是1983年由蘋果電腦公司設計生產的一款個人電腦產品，是全球第一款搭載圖形用戶界面的商品化個人電腦，當年因為銷量不佳，被認為是失敗的產品，也導致賈伯斯被趕出蘋果。

隨著敏捷軟體開發方式的來臨，就有了一種去測量生產力的新方法：速度。在敏捷的很多流派中，問題會被分解成數個**故事**（story），而每個故事就會由開發者來估計，並分配一個「分數」，代表完成這些故事預期所需的相對工作量。在某個迭代（iteration）結束後，總分經客戶簽署認可後會被記錄下來－這就是團隊的速度。速度是設計來作為**產能計畫工具**（capacity planning tool）；例如，它可以用來進行外插（extrapolate），進而推知該團隊完成所有計畫好且估算好的工作所需時間。然而，有些經理會拿它用來測量團隊的生產力，甚至藉此比較各個團隊之高下。

> ★ **譯註** 根據Kent Beck（以測試驅動開發、實作模式與極限開發聞名當世）的說法，真正的故事（Story）是：
>
> - 可測試的：您可以撰寫自動化測試來偵測該故事的存在與否。
>
> - 進度：團隊中的客戶端（例如PO或BD，所謂的產品負責任或業務發展單位）願意接受以故事作為進度的象徵，趨向他們更廣大的目標。
>
> - 可消化的分量：故事應該要在一次迭代中可以完成。
>
> - 可估算的：團隊中的技術端必須要能夠猜測到該故事需要多少時間才能初步運作起來。
>
> - 另一項也很重要的是「為何」：為何使用者要這麼做。客戶應該把撰寫故事當作是個好機會，反省自身的技藝並精進之。

使用速度來當作生產力指標有數種缺失，第一，速度是相對的，而且取決於各團隊，並非是絕對量測值。各團隊通常有顯著不同的脈絡，彼此的速度就無法相提並論（譯註：即非 apple to apple 的相稱比較）。第二，當速度被用來當作生產力度量（measure），團隊就無可避免會在速度上搞鬼（譯註：上有政策下有對策，有興趣者也可以參考 David Graeber 著書所討論的「狗屁工作」）。他們會在估計上灌水，而且會專注在完成盡可能多的故事上，代價就是無法跟其他團隊協作（因此在速度上就會厚此薄彼，讓其他團隊灰頭土臉）。這樣一來，不僅辱沒了使用速度的初衷，也抑制了團隊間的協作。

最後，很多組織測量**使用率**（utilization）當作生產力的代表。這種方法的問題是：高使用率只到某程度有用，一旦使用率超過了某個水平，就沒有餘裕（譯註：或所謂「弛」，一張一弛的弛，亦即有鬆有緊的一種好節奏，只張不弛會過勞）來吸收意料之外的工作、計畫生變（變局）或是一些改善工作，這會導致完成工作需要更長的前置時間。數學中的排隊理論（queue theory）告訴我們：當使用率接近 100%，前置時間就會趨近無限大。換句話說，一旦使用率逼到非常高的水平，團隊要把任何事做好的時間會呈指數成長。由於前置時間－一種檢視工作可以多快被完成的量測－是不會遭受前述其他生產力指標缺失所影響，因此我們有必要以一種撙節的最佳方式來管理使用率，使之與前置時間彼此平衡。

▋2.2 測量軟體交付績效

成功的績效量測方法應該有兩個關鍵特徵：第一，應著重在整體（全域）結果以確保團隊不會彼此惡性競爭。經典的例子就是為了通量（throughput）與穩定度所需的運維工作去獎勵開發者：這就是導致所謂「困惑高牆」（wall of confusion，譯註：即穀倉效應）的主因。開發方把品質低劣的程式碼丟到牆的另一邊給運維方，然後運維方就安上一個痛苦的變更管理流程，以抑制變更。第二，我們的量測應該著重在結果而非產

出：不應該獎勵人們庸碌無用瞎忙（**譯註**：如前述狗屁工作），這些是絕不會幫助組織達成目標的。

在尋覓符合這些標準之績效量測的過程中，我們選定了四種：交付前置時間、部署頻率、修復服務所需時間、以及變更故障率。在本節，我們會討論為何選擇這些特定的量測。

將前置時間（lead time）晉升為指標（metric）是精益理論（Lean theory）的一個關鍵要素。前置時間就是從客戶提出需求，直到該需求被滿足所需的時間。然而，在產品發展的脈絡中，當我們力圖以非客戶所預期的方式滿足多方需求，那前置時間就會有兩個部分：設計並驗證某產品或功能所需時間，以及交付該功能給客戶所需時間。在前置時間的設計部分，常常不清楚什麼時候該開始計時，而且往往有高度變異性。職是之故，賴納森（Reinertsen）稱這個部分為前置時間的「模糊前端(fuzzy front end)」（Reinertsen 於 2009 年）。然而，前置時間的交付部分–實作、測試及交付所需時間–是比較容易測量並且有較小的變異性。表 2.1（Kim 等人於 2016 年）顯示這兩個領域間的區別：

表 2.1 設計 vs. 交付

產品設計與開發	產品交付（建置、測試、部署）
運用假設驅動交付（hypothesis-driven delivery）、現代使用者經驗（modern UX）與設計思維，以創建能解決客戶問題的新產品與服務。	藉著標準化工作、縮減變異性及批次大小（batch size），讓開發到生產環境間的流動快速且使發布可靠。
功能設計與實作可能有賴於之前從未執行過的工作。	整合、測試與部署一定要盡快地持續進行。
估算是極其不確定的。	循環時間（週期）應該眾所周知並且可預料。
結果是變幻莫測的。	結果應有低變異性。

較短的產品交付前置時間是較佳的，因為這可以使回饋更快，讓我們及時掌握建構狀態，並且能夠更快地修正路線（course correct）。一旦有缺陷（defect）或故障停機（outage），而我們需要迅速且高度自信地交付修正，夠短的前置時間也是很重要的。從程式碼提交，一直到程式碼可以在生產環境中成功運行的全程所需時間，我們將之作為測量產品交付前置時間的基準，並就此基準請求問卷調查受訪者從下列選項中擇一：

- 不到一小時

- 不到一天

- 一天至一週

- 一週至一個月

- 一至六個月

- 超過六個月

第二個考量的指標是批量大小（batch size），縮減批量大小是另一個精益範型的中心要素-的確，這就是豐田（Toyota）生產系統成功的關鍵之一。縮減批量大小會縮短週期並降低流動（譯註：flow，指從程式碼提交到生產環境的流動過程）變異性、加速回饋、降低風險與間接（營運）成本、改善效率、增強動機與急迫性，並降低成本與時程拖延（Reinertsen 於 2009 年出版書籍中的第 5 章提到）。然而，在軟體界，批量大小是很難放

諸各種脈絡中測量與溝通的，因為並沒有顯而易見的庫存（存貨）。因此，我們選定部署頻率作為批量大小的代表，因為這是容易測量且通常具有低變異性 註2。就「部署」而言，我們指的是軟體部署到生產環境或應用商店（app store）。一次發布（release；被部署的的變更）通常包含許多版本控管上的提交，除非組織已臻單件流（single-piece flow）川流不息的狀態，其間每次程式碼提交都會被發布到生產環境（一種叫作持續交付的實踐）。我們請教問卷調查受訪者，就其組織所從事的主要服務或應用程式，會多常部署程式碼，為此我們提供下列選項：

- 有需要就做（一天部署好幾次）

- 一小時一次至一天一次

- 一天一次至一週一次

- 一週至一個月一次

- 一個月一次至六個月一次

- 部署頻率少於每六個月一次（如一年一次）

交付前置時間與部署頻率二者都測量軟體交付績效的步調。然而，我們想要調查業已改善績效的團隊，是否為了如此的改善而犧牲所從事系統之穩定性。傳統上，可靠性是以故障事件之間的時間長度來量測的；然而在現代軟體產品與服務（其本身也是急遽變化的複雜系統）中，故障在所難免，因此這關鍵問題就變成：服務能多快復原？我們詢問受訪者：就他們從事的主要應用程式或服務而言，當有某服務發生事故（例如：意外故障停機、服務障礙）時，一般會需要多久才能恢復服務。為此，我們也提供了如前述的選項。

註2　嚴格來説，部署頻率與批量大小是相互成反比的，部署越頻繁則批量大小就越小。欲得悉關於 IT 服務管理脈絡中測量批量大小之更多資訊，請詳 Forsgren 與 Humble（2016 年著作）。

最後，變更系統時的一個關鍵性指標，就是多少百分比的生產環境變更（包括如軟體發布與基礎設施組態設定變更）會導致故障。在精益（Lean）的脈絡中，這就與產品交付流程之完成及正確百分比一模一樣，同時是關鍵的質量指標。我們詢問受訪者：就他們所從事的主要應用程式或服務，有多少百分比的變更會導致**服務降級**（degraded service），或是隨後需要補救措施（例如引起服務障礙或故障停機時，需要**熱修復**(hotfix)、**回滾**(rollback)、**往前修正**(fix-forward)、或是**補釘**(patch)）。

> **★譯註** 往前修正是一種補救措施，有時候是不得不然，因為這是唯一行得通的方式，例如在一種三層式架構中，當資料遷移到新的綱要（schema）後，新的業務關鍵資料開始流入新的欄位時，就只能往前修正，回不去了。

4 種選定的量測如圖 2.1 所示：

軟體交付績效

前置時間

部署頻率

平均修復時間 (MTTR)

變更故障百分比

圖 2.1 軟體交付績效

為了分析遍及所調查同溫層（cohort，**譯註**：有共同特點的一群人）之交付績效，我們運用了一種叫做叢集分析（cluster analysis）的技術。叢集分析在統計資料分析中是一種基礎技術，會嘗試將回應分組，以使同組的回應彼此更加相似，較他組為然。每種量測會放在不同的維度（層面）上，而叢集演算法會嘗試將叢集成員間的距離極小化，且將叢集間的差距極大化。這種技術並不理會回應的語意（semantics）。換句話說，它不會知道就這些量測而言，怎樣算是「好」或「壞」的回應[註3]。

註3　欲詳叢集分析，請見附錄 B。

這種資料驅動的方式，並不會有傾向「好」或「壞」的偏誤（bias），給我們一個機會去審視業界的潮流，不會先入為主。叢集分析之運用，也讓我們能辨別業界常見的軟體交付績效類型：有沒有高績效與低績效者，而他們各有何特徵？

在研究計畫的整整 4 年期間，我們皆應用叢集分析。並且發現：每一年，業界都有種類顯著不同的軟體交付績效。我們也發現前述 4 種績效量測都是很好的分類器（classifier），而我們在分析中找出的組別–高、中、低績效者–在這 4 種量測上都有很顯著的不同。

表 2.2 與 2.3 顯示，就我們研究的最後兩年間（2016 年與 2017 年），軟體交付績效的諸般細節。

表 2.2 2016 年軟體交付績效

2016	高績效者	中績效者	低績效者
部署頻率	隨需 （每天部署多次）	一週一次至一個月一次	一個月一次至每六個月一次
變更前置時間	不到一小時	一週至一個月	一至六個月
MTTR	不到一小時	不到一天	不到一天*
變更故障率	0-15%	31-45%	16-30%

表 2.3 2017 年軟體交付績效

2017	高績效者	中績效者	低績效者
部署頻率	隨需 （每天部署多次）	一週一次至一個月一次	一週一次至一個月一次*
變更前置時間	不到一小時	一週至一個月	一週至一個月*
MTTR	不到一小時	不到一天	一天至一週
變更故障率	0-15%	0-15%	31-45%

* 低績效者平均而言是是較為低落的（在統計上顯著的層級來看），但與中績效者有相同的中位數（median）。

令人驚奇的是，這些結果表明在改善績效（效能）與達到更高水平穩定性與品質之間，是沒有所謂權衡取捨（trade-off，**譯註**：亦即顧此失彼，魚與熊掌難以兼得）的。相反地，高績效者在所有量測上都是表現較好的（**譯註**：大者恆大，八二法則）。這正是敏捷與精益運動（Agile and Lean movements）所預測的，但業界的多數教條仍注目在一種錯誤的臆斷上：要動得快就意味著失去其他績效（效能）目標，而非付諸實踐且深化強固之 [註4]。

　　再者，過去數年間我們發現：高績效的叢集正在離群遠去。DevOps 念念不忘持續改善的口號不僅令人興奮也同樣真實，迫使公司發揮到最好，並且把那些不思進取者拋在身後。顯然，3 年前最先進的技術，就如今的商業環境看來已經不夠好了。

　　與 2016 年相比，2017 年的高績效者有維持住甚或績效更上一層樓，一貫地極大化步調與穩定性。另一方面，低績效者自 2014 年至 2016 年，維持著相同水平的通量（throughput 或作吞吐量），並且僅在 2017 年開始增加－很可能意識到業界其他人在把他們甩開。在 2017 年，我們看到低績效者就穩定性而言失去了一些陣地（退卻）。合理懷疑這是因為嘗試加快步調（「更努力工作！」），卻未能因應改善整體績效後產生的深層障礙（例如：重新架構、流程改善與自動化）。我們在圖 2.2 與 2.3 會展示此趨勢。

註4　關於此種以雙峰（bimodal）方法來處理資訊科技服務管理（ITSM）的問題分析，請見 https://continuousdelivery.com/2016/04/the-flaw-at-the-heart-of-bimodal-it/，這方法注目在此種虛假的臆斷上。

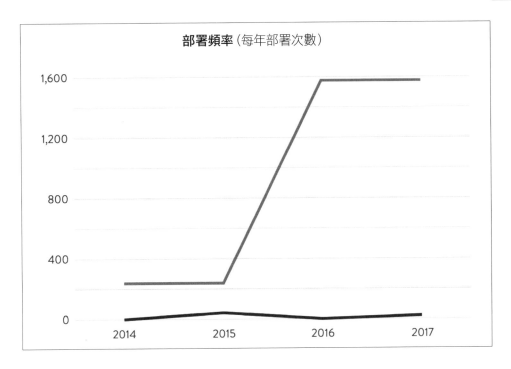

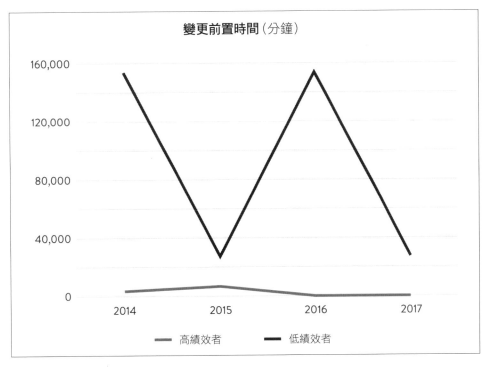

圖 2.2 年復年（Year over Year）之趨勢：步調（Tempo）

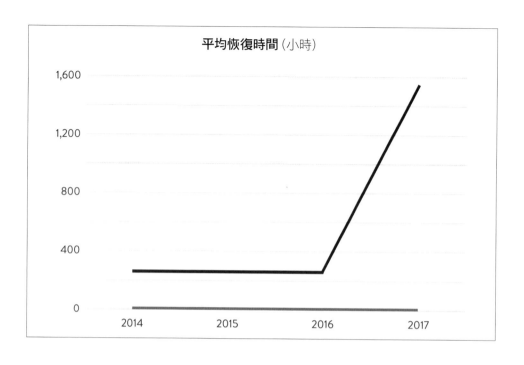

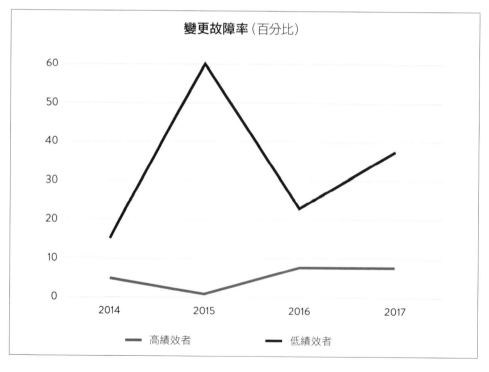

圖 2.3 年復年 (Year over Year) 之趨勢：穩定性 (Stability)

意外！

觀察敏銳的讀者會注意到，就 2016 年之變更故障率來看，中績效者的表現比低績效者還差。2016 年是研究的第一年，其間我們看到遍及任何績效組別中的量測，績效表現略為不一致，而我們在中績效者與低績效者之中看到這種現象。我們的研究並沒有確鑿地解釋這種現象，但關於為何如此我們有些想法。

一種可能的解釋是，中績效者沿著他們的技術轉型旅程在進行著，並且得應付從**大規模重新架構工作**（large-scale rearchitecture work）而來的挑戰，例如從舊有程式庫（legacy code base）過渡（transitioning）。這也與另一份 2016 年的資料契合：我們發現中績效者比低績效者花費更多的時間在意料之外的重工（rework）上－因為他們反映花費更大部分的時間在新工作上。

我們相信這種新工作可能會發生，代價是忽略至關重要的重工，因此累積了**技術債**（technical debt），轉而引致更脆弱的系統，因此引起更高的變更故障率。

我們發現一種有效可靠的方式來測量軟體交付績效，可以滿足前面鋪陳的需求。它著重在全域、系統層級的目標，並測量不同功能／角色必須協作才能改善的結果。下一個我們想回答的問題是：軟體交付績效重要嗎？

2.3 交付績效對組織績效的深遠影響

為了測量組織績效，我們請求問卷調查受訪者橫跨數個層面（獲利能力、市佔率與生產力）來評分其組織的相對績效。這是一種已在之前的研究（Widener 於 2007 年）中，業經反覆驗證過的尺度（scale）。也發現到這種組織績效的量測與投資報酬率（ROI）高度相關，並且耐得住景氣循環－就我們的意圖而言，是種極好的量測。數年來的分析顯示，高績效組織相對於低績效組織，一貫是加倍有可能超越這些目標。這事實上表明，您組織的軟體交付能力，可以為您的生意提供競爭優勢。

在 2017 年，我們的研究也探索了 IT 績效如何影響組織達成更廣泛組織目標的能力－也就是說，超越純粹獲利與收益量測的目標。無論您嘗試獲利與否，現今任何組織都仰賴科技來達成其使命，並快速、可靠且安全地提供價值給其客戶或利害關係方。無論使命為何，一個技術組織的表現可以預料整體組織績效。為測量非商業目標，我們使用業經反覆驗證，且尤其適合此意圖（Cavalluzzo 與 Ittner 於 2004 年）的尺度。我們發現高績效者也加倍有可能超越諸般目標如：商品數量、運維效率、客戶滿意度、產品或服務品質、以及達成組織或使命目標等等。在圖 2.4 中我們會展示如此關係。

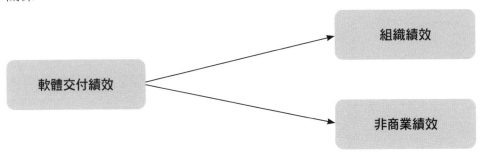

圖 2.4 軟體交付績效的深遠影響

解讀本書中的圖例

我們會納入一些圖例來協助引導您瞭解我們的研究。

- 當您看到一個盒狀（箱型）圖，代表這是我們已測量過的**構念**（construct，更多關於構念的細節請參照第 13 章）

- 當您看到一個箭頭連結數個盒狀圖，代表這是一種預測性的關係。您解讀得設錯：本書中的研究包括很多分析，可以超越相關（correlation）而進入到預測階段（關於推論預測的細節，請參照第 12 章）。您可以使用諸如「驅動」、「預測」、「影響」等字眼來解讀這些箭頭。除非特別說明，否則這些都是正向關係。

　　舉例來說，圖 2.4 可以解讀為「軟體交付績效深遠影響組織績效與非商業績效」。

★ 譯註 這邊有一些社會研究方法論的名詞：信度（reliability）與效度（validity）。它們是所有量測的重要議題，也都是關心我們所設計的具體指標，以及這些指標所預測之構念間的關係。構念是指將一些觀念、事實或印象有系統的組織起來後，所形成的概念。Cooper & Schindler（2003）認為，構念是研究者因為研究需要，所創造出來的抽象概念。例如：「成功的企業」是一組包含多個概念的構念，它可能包括營業額、市場佔有率、每股盈餘、顧客滿意度、企業形象…等許多個概念，同時，這些概念有些較為抽象（如企業形象），有些則比較具體（如營業額）。

在軟體組織中，可以小批量工作並交付的能力是格外重要的，因為這讓您能運用如 A/B 測試（A/B testing，譯註：A/B 測試最基本的概念，就是比較某物的兩種版本，搞清楚那個版本的表現較好，一般常用在網站與 app 上。這方法其實已經有百年歷史，1920 年代統計學家暨生物學家 Ronald Fischer 發現了 A/B 測試背後最重要的原則，並普遍地進行隨機對照實驗）的技術去很快地收集使用者回饋。值得注意的是，以實驗性方法來從事產品開發的能力，與促成持續交付的技術實踐是高度相關的。

軟體交付績效舉足輕重的事實，提供了強而有力的論證，反對外包那些於您業務具有戰略意義的軟體；反之，應該將這樣的能力帶進您組織的核心。甚至連美國聯邦政府，也已經透過如美國數位服務小組（US Digital Service）與其隸屬局處，以及美國總務署技術轉型服務（General Services Administration's Technology Transformation Service）團隊等創設，投入資源將軟體開發能力帶進機構內部，以為戰略倡議。

對比之下，大多商用軟體（如辦公室生產力軟體與薪資系統）並非戰略性，而且在多數情況下應該運用**軟體即服務的模型**（software-as-a-service model）來取得。分清楚軟體是否具戰略性並妥適管理之，是極其重要的。關於此主題的論述，Simon Wardley 有長年研究，而他就是 Wardley 對映法（Mapping method）的創始者（Wardley 於 2015 年）。

▋2.4 驅動變更

　　既然我們已用嚴謹並可測量的方式定義了軟體交付績效，接著就可做出基於證據（evidence-based）的決策，決定如何改善這些打造軟體產品與服務團隊之績效。我們可以就其效力的廣大組織及更廣大的業界為基準，比較並衡量各團隊；可以與時俱進地測量他們的進步或退步。或許最令人興奮的是，我們可以超越相關（關聯）並開始嘗試預測。我們可以測試關於一些實踐－從管理流程中的工作到測試自動化－的假設，看看哪些實踐的確對交付績效造成深遠影響，以及這些影響的強度。可以量測其他我們關心的結果，如團隊過勞與部署折磨。我們可回答如下問題：「變更管理委員會真的會改善交付績效嗎？」（劇透：不會，他們跟步調與穩定性是負相關的）。

　　如下一章所展示的，想定量模擬並測量文化也是有可能的。這讓我們能測量 DevOps 的效應，以及持續交付實踐在文化上的效應，進而測量文化在軟體交付績效與組織績效上的效應。我們測量與理解關於實踐、文化與結果的能力是種極其強大的工具，在追求無止境更高績效的旅程中，會有巨大的建設性效果。

　　當然，您可以運用這些工具來為自己的績效建模（model）。使用表 2.3 來發現您落在我們分類（taxonomy）中的哪一塊，並善用量測如前置時間、部署頻率、恢復服務所需時間、以及變更故障率等，要求您的團隊依照它們來設定目標。

　　然而，至關重要的是小心地運用這些工具。處在具有學習文化的組織中，這些工具可是極其強大。不過，「在病態且官僚主義的組織文化中，量測是用作某種形式的控制，並且人們會隱藏那些會挑戰現行規則、策略與權力結構的資訊。誠如戴明（Deming）所言：『每當有恐懼，就會得到錯誤的數據』」（Humble 等人於 2014 年，第 56 頁）。在您準備好要有效運用（deploy）科學化方法來改善績效之前，您必須先理解並發展您的文化，我們現在就轉向這個主題。

03

測量並改變文化

在 DevOps 圈子裡，文化是非常重要的，幾乎是不言而喻。然而，文化是難以捉摸的；目前存有許多文化的定義與模型。我們的挑戰是，去尋找一個在科學文獻中是定義妥適的模型、可以被有效測量，並在我們的領域中有預測力。我們不僅達到了這些目標，而且還發現，藉著施行 DevOps 實踐，要影響且改善文化是有機會的。

▌3.1 形塑並測量文化

在文獻中，有很多可以形塑文化的方法。您可以選擇審視國家文化，例如：看看某文化隸屬哪個國家。您也可以談論施行了哪些組織的文化價值，而對團隊的行為模式有何影響；甚至在組織文化中，也有很多方式去定義並形塑所謂的「文化」。組織文化可以存在於組織的 3 個層面上：**基本假設、價值觀**與**產出物**（Shein 於 1985 年）。在第一個層面上，隨著部門或組織成員了解到彼此的關係、事件與相關活動，基本假設就會逐漸成形。這些詮釋是這些層面中最不「顯眼」的，並且也是那些我們只是「知道」的東西，而待在團隊中夠久之後，會發現不容易表達清楚而語塞。

組織文化的第二個層面是價值觀，這對部門成員就比較「顯眼」了，因為這些集合價值（觀）與規範是可以討論的，甚至在有意識到這些價值的成員之間，可以彼此爭論。價值觀就像一種（有色）眼鏡，透過這些價值，部門成員可以檢視並詮釋周圍的關係、事件與活動。藉由確立社交規範，價值觀會影響部門交流與活動。這些社交規範也會形塑部門成員行動，並訂定脈絡（contextual）規則（Nansal 於 2003 年）。這些往往是當我們談論到某團隊與組織文化時，所謂的「文化」。

組織文化的第三個層面最顯眼，並且可以在衛生製品（產出物）中觀察到。這些製品包括書面使命聲明或信念、技術、正式程序、甚至是英雄（崇拜）與儀式（典禮）（Pettigrew 於 1979 年）。

　　基於 DevOps 圈內的討論以及第二層面上「組織文化」的重要性，我們決定挑選由社會學家 Ron　Westrum 所定義的模型。Westrum 長年研究系統安全中的人為因素，尤其是在技術領域裡意外事故的脈絡中，會特別複雜而且高風險，例如：飛航安全與醫療保健這兩個領域。在 1988 年，他發展了一種**組織文化類型學**（Westrum 於 2014 年）：

- **病態型**（權力導向）組織的特徵是草木皆兵般的恐懼與威脅。人們通常會隱藏資訊（奇貨可居），或是為了政治因素而隱瞞之，甚或扭曲資訊以讓臉上比較好看。

- **官僚型**（規則導向）組織會保護各自部門。部門中的人想要維護他們的「地盤」，堅持他們自己的規則，並且普遍照規章辦事－照他們自己的章則。

- **生機型**（績效導向）組織專注在使命上，我們如何達到目標？與良好績效、與做該做的事相比，所有事都是次要的。

　　Westrum 更進一步的洞見是：組織文化預示了資訊流經組織的方式。他提供優質資訊的 3 種特徵：

- 為接收方需要解答的問題提供答案。

- 及時。

- 以使接收方能有效利用的方式來呈現。

　　良好的資訊流，對於步調快、且高衝擊（危害）環境的安全暨有效之運維可說是至關重要，包括技術組織。在表 3.1 中，Westrum 描述到落在他所定義的三種型態中之各種組織特徵。

Westrum 額外的洞見是，這種組織文化的定義預示了績效結果。我們特別專注於此，因為太常聽到在 DevOps 中，文化是很重要的，並且，如若文化可以預測軟體交付績效的話，我們特別有興趣瞭解。

表 3.1 Westrum 的組織文化類型學

病態型（權力導向）	官僚型（規則導向）	生機型（績效導向）
合作程度低	合作程度有限	高度合作
信使「被斬」	信使被忽略	信使訓練有素
規避責任	責任狹隘（自掃門前雪）	共同承擔風險
阻礙交流	容忍交流	鼓勵交流
失敗後找人頂罪（替罪羊）	失敗後將人繩之以法	失敗後追根究柢
新穎想法被輾碎	新穎想法會導致問題	新穎想法被實施

★ **譯註** 此處特別貼近原文重譯，現行譯本為求通暢而丟失了一些資訊，並且濫用「生產」一詞，還有一些先入為主的臆斷甚至誤譯或失譯，希望這個版本可以更幫助正確理解，畢竟原來是英文，只求達意，譯者識力有限，敬請方家指正。

▌3.2 測量文化

為了測量組織文化，我們利用這些型態形成「在量表上的分數...一種『Westrum 的連續分布』」的事實（Westrum 於 2014 年），這使得它成為**李克特型式問卷**（Likert-type）的極佳候選。在心理計量學（psychometrics）中，李克特量表是藉由請人們評等他們對某種敘述或說明有多同意或多不同意，來測量人們的感知程度（perception）。當人們回答李克特型式的問題時，我們會按答案指派分數（範圍從 1 至 7 分）：1 分代表「非常不同意」，而 7 分代表「非常同意」。

為了讓這種方法能有效運作，該敘述必須措辭強烈，這樣人們才會強烈同意或不同意（或的確感覺中立）。在圖 3.1 中，您可見到該調查的再現，顯示出我們從 Westrum 模型建立的敘述，以及對應的李克特量表。

	非常不同意	不同意	有點不同意	中立	有點同意	同意	非常同意
積極尋求資訊	◉	◉	◉	◉	◉	◉	◉
當信使傳達關於失敗的消息或其他壞消息時，他們沒有被懲罰	◉	◉	◉	◉	◉	◉	◉
責任是共同承擔的	◉	◉	◉	◉	◉	◉	◉
鼓勵並獎賞跨職能協作	◉	◉	◉	◉	◉	◉	◉
失敗時會追根究柢	◉	◉	◉	◉	◉	◉	◉
歡迎新穎想法	◉	◉	◉	◉	◉	◉	◉
主要會將失敗當作改善系統的契機	◉	◉	◉	◉	◉	◉	◉

圖 3.1 用來測量文化的李克特量表

一旦我們從一些人（一般是幾十或幾百個人）得到這些問題的回應，我們需要確定此量表對組織文化的量測是否合理，並且查明從統計的觀點來看是否可靠。換句話說，我們需要查明，這些問題是否為所有問卷調查的人們同樣地理解，以及，大家一起做出來的感覺，是否真的有在測量組織文化。

如果運用數種統計測試（stafistical tests）的分析確認了這些屬性（property），就會把我們所測量到的東西稱為一種**構念**（construct，在這種情況下，我們的構念就會是「Westrum 組織文化」），並且可以在更進一步的研究中運用這種量測。

分析構念

在我們的量測之間進行任何分析之前－舉例來說，組織文化對軟體交付績效有深遠影響嗎？－我們一定要分析這些資料與量測本身。當要運用穩健的問卷調查方法時，我們會選擇構念。

在這第一步中，我們進行了數種分析，以確保我們調查的方法是合理並可靠的。這些分析包括區別效度（discriminant validity）、聚合效度（convergent validity）與信度（reliability，或可靠度）等測試。

- 區別效度：確定彼此不該相關的項目，事實上真的不相關（例如，那些我們不相信有捕捉到組織文化的項目，事實上也真的與組織文化無關）。

- 聚合效度：確定那些應該彼此相關的項目實際上也相關（例如，如果應該測量組織文化的量測，的確有測量到文化）。

- 信度（可靠度）：確定受訪者對這些項目的解讀都是相仿的，這也被稱作內部一致性。

放在一起看，效度（validity）與信度分析證實了我們的量測，並先於任何測試關係的額外分析，如：相關（correlation）或預測。若想更了解效度與信度，請參見第 13 章。關於用來確認效度與信度的統計測試之額外資訊，請見附錄 C。

我們的研究一致發現 Westrum 構念（construct）－一種組織文化等級的指標，這文化會決定團隊中信任與協作的優先順序－是既有效且可靠的 註1。這意味著您也可以在問卷調查中運用這些問題。若要計算每項問卷調查應答的「分數」，就取對應到該問題答案的分數值（1-7），並計算整個問題集的平均值。然後，您可以就回應整體進行統計分析。

註1　在 2016 年，有 31% 的受訪者被分類為病態型、48% 是官僚型、21% 是生機型。

文化透過 3 種機制俾能行**資訊處理**（information processing）。第一，在具有生機型文化的組織中，人們彼此協作起來更有效，並且遍及整個組織和階層上下也有較高程度的信任感。第二，「生機型文化強調使命，這種重視讓相關人等可以把他們的個人問題放在一旁，並對在官僚型組織中有目共睹的部門問題亦然（擱置一旁）。使命是首要的。第三，生機（生產力充沛）鼓勵一種「公平競爭環境」（level playing field，**譯註**：即機會均等，如戰國時期百家爭鳴），在其間階層的角色就不那麼吃重」（Westrum 於 2014 年著書，第 61 頁）。

我們應該強調官僚體制不必然糟糕，正如同 Mark Schwartz 於《The Art of Business Value》一書中指出，官僚體制的目標是「藉著規範行政行為（administrative behavior）來確保公平性原則，這些規範在所有的情況下都是一樣的－沒有人會受特權優待或歧視虐待；不僅如此，這些規範也會代表組織知識積累的最佳產物：由各領域專家擔任的官僚所制訂，這些規範會強制施行有效率的結構與流程，同時保障公平並阻絕任意獨斷」（Shwartz 於 2016 年著書，第 56 頁）。

Westrum 對於**規範導向文化**（rule-oriented culture）的敘述，也許最好被當作是：認為遵從規範比達成使命更重要－而且我們已經與美國聯邦政府中的眾團隊合作過，而我們無疑會將這些團隊描述為生機型，還有一些顯然是病態型的新創公司也是如此。

> **★譯註** 此處顯然脈絡不足，譯者與作者 Nicole 確認過，此處他們想表達的是：一般的刻板印象會覺得大公司或政府機構是官僚型，而他們跟幾個政府團隊合作過，根據 Westrum 的文化類型來看，這些團隊大部分並不是規則導向，事實上反而是生機型並且是績效導向。反之，一般會臆斷新創公司是小而美、靈活、為了一個理念而創設的公司，故應為生機型，而他們看過一些新創公司，根據 Westrum 類型學看來卻是病態型。因此，不能以組織的大小來先入為主遽下判斷屬於哪種類型，而應該要看他們的文化來判定。

3.3 Westrum組織文化能預測什麼？

Westrum 的理論假設，有較佳資訊流的組織運作起來會更加有效，根據 Westrum 的說法，這種組織文化類型有幾個重要的先決條件，意味著這種類型是一種很好的代表，可以彰顯這些先決條件所描述的特徵。

第一，一種良好的文化，有賴整個組織上下的信任與合作，因此這會反映組織內協作與信任的等級。第二，較佳的組織文化能顯示出較高品質的決策。在有這類型文化的團隊中，不僅有較佳的決策資訊，而且若事後發現有錯誤，這些決策也更容易被翻轉。因為該團隊更可能是公開透明，而非封閉而階級森嚴的。

最後，具備這些文化準則的團隊更可能會善待人，因此問題會更快被發現並處理（ **譯註** ：即不咎責文化）。

我們假定文化會預示軟體交付績效與組織績效，也預測文化會導向更高的工作滿意度 [註2]。這兩種假說都被證實為真，我們在圖 3.2 中展示了這些關係。

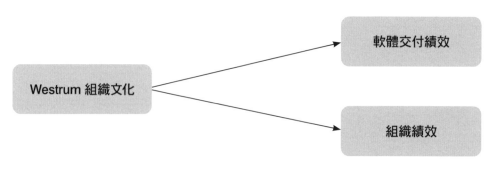

圖 3.2 Westrum 組織文化的結果

註2　這些假說是根據先前的研究與現存理論，並且由我們自身與在業界所聽聞的經驗所支持。我們研究的假說都是如此建構，這是種推論性預測研究的例子，您可以在第 12 章讀到更多相關資訊。

3.4 Westrum技術組織理論的結果

就那些面對著日益迅猛之技術與經濟變化，仍希望能成長茁壯的現代組織而言，韌性與透過回應此變化而創新的能力都是不可或缺的。我們對 Westrum 理論應用在技術上的研究顯示：這兩種特徵是相互連結的。雖然一開始是發展來預測安全結果（safety outcomes），我們的研究顯示這也可預測軟體交付與組織績效。這是說得通的，因為安全結果其實在醫療保健領域的設定中就是績效結果。透過將其延伸至技術（科技）領域，我們期待這種類型的組織文化可以對軟體交付與組織績效帶來正面的深遠影響。這也對映到 Google 所進行的研究，發掘如何打造高績效團隊。

交付績效構念

在第 2 章，我們提到交付績效綜合了 4 種指標：前置時間、發布頻率、恢復服務時間（類似 MTTR 平均修復時間）、以及變更故障率。當進行叢集分析時，4 種指標一起看可以有意義地分類並區別出高、中、低績效者。也就是說，這所有的 4 種量測都擅於將團隊分類。然而，當我們嘗試將這 4 種指標轉化成一種構念時，就會遇到一個問題：這 4 種量測無法通過所有效度與信度的統計測試。分析顯示，只有前置時間、發布頻率以及恢復時間湊在一起可以形成有效並可靠的構念。因此，於本書接下來的部分，當我們談論到軟體交付績效時，只會用這 3 種指標的綜合來定義之。還有，當軟體交付績效顯示出與其他構念相關，或當我們談論到預測而涉及軟體交付績效時，僅會就如此方式定義且測量的構念談論。

注意，無論如何，變更故障率與軟體交付績效構念是強烈相關的，這也意味著在大多數情況下，與軟體交付績效構念相關的事物也與變更故障率有關。

Google 想找出最高績效團隊間是否有共通的因子。於是，他們開始了一項為時兩年的研究專案，以調查是哪些因素讓 Google 團隊如預期有效，並進行了「與....員工進行超過兩百次訪談，並〔檢視〕180 多個活躍的 Google 團隊所具有之超過 250 種屬性」（Google 於 2015 年）。他們期待找到構成高績效團隊的關鍵要素：一種個別特性（trait）與技能的組合。然而，他們卻發現「誰在團隊中不比團隊如何互動、組織工作以及看待他們的貢獻來得重要」（Google 於 2015 年）。換句話說，一切都要歸結於團隊互動（team dynamics）。

組織如何處理故障或意外特別有其啟發性意義。病態型組織會尋找「替罪羔羊」：調查時會想找出應該為問題「負責」的人（們），然後懲罰或責怪他們。但在複雜並適性（adaptive）的系統中，意外幾乎不曾是單一人員的錯，好像他就能預視到會發生什麼事，然後不顧一切奔向失敗，或未能採取行動預防之。恰恰相反，意外通常從促成因子的複雜交互作用中浮現。在複雜系統中的故障，就像如此系統中其他種類的行為一般，是意外突發而捉摸不定的（Perrow 於 2011 年）。

因此，僅僅止步於「人為疏失」的意外調查不只是糟糕，而且還是危險的。反之，人為疏失應該是調查的起點。我們的目標應該是去找出如何能改善資訊流，讓人們有更好或更及時的資訊；或是去尋求更好的工具，以幫助避免伴隨那些顯然是瑣事的作業接踵而來的災難性故障。

3.5 我們如何改變文化？

美國汽車製造廠甫進行精益（Lean）製造運動伊始，John Shook 徹底改變位於加州 Fremont 團隊的文化。事後他描述該經驗時寫道：「我...的經驗教給我有偌大影響力的是，要改變文化的正道並非先改變人們的思維模式，而是從改變人們如何行事開始－他們的所作所為」（Shook 於 2010 年）。[註3]

因此我們假設，遵循精益與敏捷運動所發展出來的理論、施行這些運動的實踐能對文化有所影響。我們開始檢視技術與管理方面的實踐，並著手測量這些理論實踐對文化的深遠影響。我們的研究顯示：精益管理與一系列以**持續交付**（Humble 與 Farley 於 2010 年）聞名的其他技術一同實踐的話，的確對文化會有深遠影響（如圖 3.3 所示）。

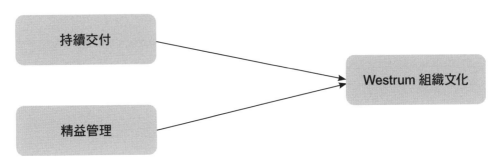

圖 3.3 Westrum 組織文化的驅動力

正如同製造業一般，您可以藉著在技術組織中實施這些實踐，隨機應變以獲致更好的文化。在下一章中我們會審視技術實踐，然後在第 7 章與第 8 章中我們會討論到管理實踐。

註3　這個轉型故事在芝加哥廣播電台 WEBZ 之節目 This American Life（This American Life 2015）的第 561 集中有講述。

MEMO

04

技術實踐

在敏捷宣言（Agile Manifesto）於 2001 年發表的時候，極限程式設計（Extreme Programming，XP）是當紅的敏捷框架之一[註1]。對比 Scrum（**譯註**：Scrum 是一種框架，於其間人們可以因應複雜的適性問題，同時有生產力且有創意地交付具有最高可能價值的產品），XP 開立了數種技術實踐解方，如測試驅動開發（test-driven development）與持續整合（continuous integration）。**持續交付**（《Continuous Delivery》，Humble 與 Farley 於 2010 年的著作）也強調這些技術實踐（與全面的組態設定管理結合）的重要性，俾能從事更頻繁、高品質且低風險的軟體發布。

對比一些敏捷框架所強調的管理與團隊實踐來說，很多敏捷的採行一直以來把技術實踐當作是次要的。我們的研究顯示，技術實踐在達成這些結果中扮演至關重要的角色。

於本章，我們會討論所進行的研究，把持續交付當作一種能力來測量，並且評估其對以下數點之深遠影響：軟體交付效能、組織文化以及其他結果度量（如：團隊過勞與部署上的折磨）。我們發現，持續交付實踐的確實際上對以上結果是有其可測量之深遠影響的。

▌4.1 什麼是持續交付？

持續交付是一整套能力，俾使我們把所有種類的變更－功能、組態設定變更、臭蟲（bug）修復、實驗等等－上到生產環境，或**安全、快速並永續地**交到使用者手中。持續交付的核心有 5 個關鍵原則：

- **內建品質**。戴明（W. Edwards Deming）之管理 14 要點中的第 3 點說道：「停止倚賴檢查以達成品質。藉著從一開始就將品質內建在產品中，消除大量檢查的需求」（戴明於 2000 年）。在持續交付中，我們投資在打造一種文化，該文化是由工具與人所支持，藉此我

註1　根據 Google 搜尋趨勢，Scrum 在 2006 年一月左右超過極限程式設計，並且日益受到歡迎。與此同時，極限程式設計之趨勢卻停滯不前。

們可以迅速察覺到任何問題，這樣一來這些問題就可以馬上修復，此時偵測或解決問題的代價都很低廉划算。

- **以小批量工作**。組織傾向以大區塊（部份）的方式來計畫工作，無論是建構新產品及服務，或是投資在組織變革上。藉著把工作拆分成小很多的部份（小塊），每個部份都可以快速交付可測量的業務結果，瞄準我們目標市場的某個小部分，就可以得到所進行中工作之必要（不可或缺）回饋，如此就可以對之做進程（路線）修正。即使以小部份工作會添加一些間接成本（overhead），但我們可以避免那些為組織交付零價值甚至負面價值的工作，從而獲得極大的報償。

  持續交付的一個關鍵目標是，改變軟體交付流程的經濟因素，俾使推出個別變更的成本能降到甚低。

- **電腦執行重複單調的任務；人來解決問題**。為降低推出變更成本的一種重要策略是，區別出那些會耗費很長時間的重複單調工作，比如回歸測試與軟體部署，然後投資在簡化這些工作並將其自動化。如此一來，我們就可以把人的時間空出來，以進行更高價值的解決問題工作，比如改善系統設計與應對回饋（feedback）的流程。

- **努力不懈追求持續改善**。高績效團隊最重要的特徵，就是永遠不滿足：總是力圖改善。高績效者會讓改善變成每個人例行工作的一部份。

- **每個人都有責任**。如我們從 Ron Westrum 所學到的，在官僚型組織中，團隊傾向注重部門目標而非組織目標。因此，開發就會著重在通量（throughput）、品質測試、以及穩定性相關的運維工作。然而，事實上這些都是系統層面的結果，而要達成這些結果的唯一途徑，就是藉由牽涉在軟體交付流程中每個人之間的緊密協作。

  管理的一個關鍵目標是，讓這些系統層面結果的狀態透明化；與組織其他部門合作，以為這些結果設定可測量、可達成、有時限的目標，然後幫助他們的團隊朝這個方向努力。

為了實施持續交付，我們一定要創建下列基礎：

- **全面而詳盡的組態設定管理**：應該要能夠以完全自動化的方式，從純粹儲存在版本控管系統的資訊來供應我們的各式環境，並且建置（build）、測試以及部署軟體。應該從版控系統開始，運用自動化流程來套用任何環境的變更，或是在這些環境上運行之軟體的變更。這仍然為人工審核留下一些空間－但是一旦核准了，所有的變更都應該被自動套用上去。

- **持續整合**：很多軟體開發團隊習慣在分支（branch）上開發功能，為時數天甚至數週以上。整合這所有的分支需要顯著的時間與重工（rework）。遵循我們的原則：以小批量工作，並內建品質；高績效團隊只會讓分支短暫存在（少於一天份量的工作），並且頻繁地將這些分支整合進主幹／主分支（master，**譯註**：現在多改為 main 了，因為黑命貴運動，這些詞彙事涉敏感）。每個變更都會觸發一次建置流程，包括運行單元測試。若流程中的任何一個部分失敗了，開發者得立即修復之。

- **持續測試**：測試並非是在一個功能或發布「開發完成」後才做的。由於測試如此必要，以致於我們應該無時無刻進行之，把它當作開發流程中不可或缺的部分。自動化單元與驗收（acceptance）測試應該要針對每次上到版控系統的提交（commit）來做，以給開發者就其變更的迅速回饋。開發者應該要能夠在他們的工作站（workstation）上運行所有的自動化測試，俾能鑑別（triage，**譯註**：鑑別問題以決定嚴重性與優先順序）並修復缺陷。測試人員應該針對最近一次建置持續進行探索性（exploratory）測試，才能放心離開 CI 放行。除非相關的自動化測試已經寫就並通過了，否則沒有人應該說他們已經「做完了」任何工作。

　　實施持續交付意味著創建多個**回饋迴路**（feedback loop），確保高品質軟體可以更頻繁並可靠地交付到用戶手上 [註2]。當正確施行時，發布新版本給用戶這個流程就變成例行公事，可以隨時按需求執行。持續交付需要開發者與測試人員，以及 UX（user experience，**譯註**：使用者體驗設計人員）、產品與維運人員等，在整個交付流程自始至終多方有效協作方能成事。

▌4.2 持續交付的深遠影響

　　在 2014-2016 年間研究的前幾次迭代中，我們形塑（model）並測量了幾種能力：

- 使用版本控管系統來存放應用程式碼、系統組態設定、應用程式組態設定、以及建構與組態設定腳本（script）

- 全面的測試自動化：可靠、容易修復並規律運行

- 部署自動化

- 持續整合

- 資安左移（shift left，**譯註**：如前述提早之意）：將資安-與資安團隊-帶進流程中參與軟體交付，而不只是下游工序（downstream phase）

- 運用主幹開發（trunk-based development），而不是長期存在的功能分支

- 有效的測試資料管理

註2　連結這些回饋迴路的關鍵模式就是所謂的**部署流水線**（deployment pipeline），請見 https://continuousdelivery.com/implementing/patterns/ 。

這些能力大多數是運用**李克特式**（Likert-type）的問題 [註3]，以**構念**（construct）的形式來測量。例如，為了測量版本控管能力，我們請受訪者回覆（就李克特量表）他們同意或不同意以下敘述到何種程度：

- 我們的應用程式碼存放在版本控管系統。

- 我們的系統組態設定存放在版本控管系統。

- 我們的應用程式組態設定存放在版本控管系統。

- 我們的自動化建置與組態設定腳本存放在版本控管系統。

接著我們運用統計分析來找出，這些能力影響我們所在乎的結果到何種程度。正如預期，當把它們放在一起看時，這些能力對軟體交付績效具有強烈的正向深遠影響（我們在本章稍後會討論到，如何實施這些實踐的一些細微差別）。然而，這些能力也有其他顯著的好處：幫助減少部署折磨與團隊過勞。儘管已耳聞我們合作過的組織中有些工作品質好處（quality-of-work）的軼事，但看見資料中的證據還是讓人振奮，並且這說得通了：我們會如此期待是因為當團隊實踐 CD（即持續交付），部署到生產環境並非什麼艱鉅且了不得的事－其實在正常上班時間也可以做，就如同每日例行公事的一部份（我們會在第 9 章更深入討論**團隊健康**）。有趣的是，有做好 CD 的團隊，也會更加認同他們所效力的組織－這是個組織績效的關鍵預示因素，這部分我們會在第 10 章談到。

如第 3 章所討論到的，我們假設實施 CD 會影響組織文化。分析顯示情況的確是這樣，若您想要改善文化，實施 CD 相關實踐會有助益。藉著提供開發者工具俾及時察覺問題，以及投入時間與資源來開發這些工具，並且權責單位馬上修復問題，我們就可以造就一個環境，於其間開發者承擔全域（局）結果的責任：比如品質與穩定度。這對群體互動與團隊成員的組織環境及文化都有正向影響。

註3　值得一提的例外是部署自動化。

在 2017 年，我們擴展了分析，並且就這些對 CD 重要的技術能力間關係之測量方式更加明確。為此，我們創設了一階（first-order）持續交付構念，也就是說，直接測量 CD，讓我們洞悉團隊達成以下結果的能力：

- 軟體交付生命週期自始至終，團隊能應需（on demand）部署到生產環境（或到終端使用者處）。

- 對於團隊中的每個人而言，攸關系統品質與可部署性（deployability）的快速回饋唾手可得，並且人們會以最高優先順序因應這種回饋。

我們的分析顯示，原來在 2014 年至 2016 年間測量的能力，對這些結果有強烈且統計上顯著的深遠影響[註4]。我們測量了兩種新能力，結果發現這些也對持續交付有強烈且統計上顯著的深遠影響：

- 一個鬆散耦合（loosely coupled）、封裝良好（well-encapsulated）的架構（在第 5 章中有更深入的討論）

- 團隊能判斷如何對工具的使用者最好，進而選擇他們自己（適用）的工具。

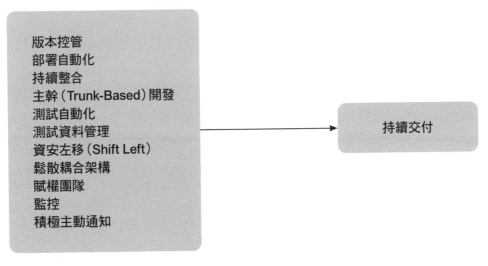

圖 4.1 持續交付的驅動力

註4　因為時間長度的限制，只有部分能力被測驗，這些能力請見附錄 A 的圖解。

既然為持續交付故達成持續交付還不夠，我們想要調查其對組織的深遠影響。我們假設它應該能驅動軟體交付的績效改善，並且先前的研究間接表明它甚至能改善文化。如前所述，我們發現做好持續交付的團隊可達成下列結果：

- 對所效力的組織有強烈認同感（見第 10 章）

- 更高水準的軟體交付績效（前置時間、部署頻率、恢復服務所需時間）

- 變更故障率更低

- 一種生機型、績效導向的文化（見第 3 章）

這些關係如圖 4.2 所示：

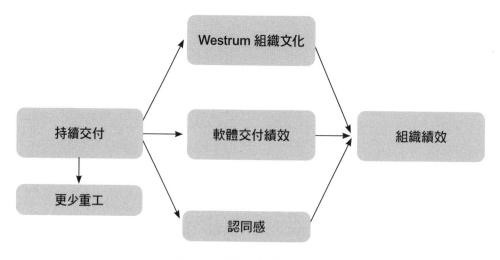

圖 4.2 持續交付的深遠影響

更好的是，我們的研究發現 CD 中的改善可以帶來值回票價的工作感受。這意味著投資技術也是在投資人，而這些投資會讓我們的技術流程能永續（圖 4.3）。因此，CD 幫助我們達成敏捷宣言（Agile Manifesto）的 12 原則之一：「敏捷流程促進永續發展。贊助者、開發者與使用者都應該能夠無限期維持一個恆定的步調」（Beck 等人於 2001 年）。

- 部署折磨的程度更低

- 團隊過勞程度降低（見第 9 章）

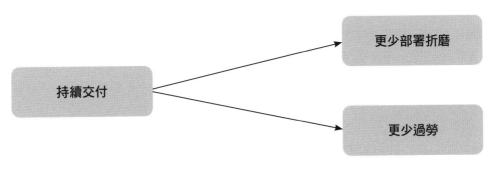

圖 4.3 持續交付使工作更加永續

4.3 持續交付對品質的深遠影響

我們所要面對一個至關重要的問題是：持續交付有增益品質嗎？為了解答這問題，我們首先得找到某種方式來測量品質。這饒富挑戰性，因為品質是非常與脈絡相關且主觀的。軟體品質專家 Jerry Wienberg 說道：「品質對某人而言是價值」（Wienberg 於 1992 年著作，第 7 頁）。

我們已經知道持續交付預示了更低的變更故障率，這也是一項重要的品質指標。然而，我們也額外測試了幾個關於品質的代表變數（proxy variable）：

- 從事這些應用程式開發者所感受之品質與效能

- 花費在重工或意外工作上之時間所佔百分比

- 花費在改善終端使用者所發現的缺陷上之時間所佔百分比

我們的分析發現：所有的量測都與軟體交付績效相關，然而，所見之最強烈相關是在重工或意外工作費時所佔百分比，包括損壞／修復工作、緊急軟體部署與補釘、回應急迫文件審核需求等等。再者，持續交付以統計上顯著的方式，預示了更低水平的意外工作與重工。我們發現花費在新工作、意外工作或重工，以及其他種種工作上的時間，在高績效者與低績效者之間相去甚遠。圖4.4 中顯示這些差異：

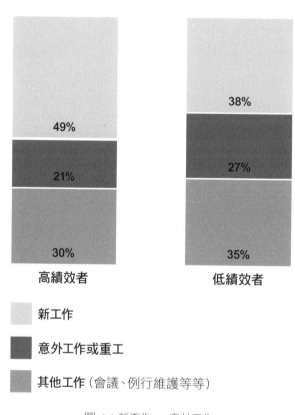

圖 4.4 新工作 vs. 意外工作

高績效者回報花費他們 49% 的時間在新工作上，然後花費 21% 的時間在意外工作或重工上。相比之下，低績效者花費 38% 的時間在新工作上，而花費 27% 的時間在意外工作或重工上。

意外工作與重工是有用的品質代表（proxy），因為它們代表了一種未能將品質內建於產品中的失敗。在《The Visible Ops Handbook》一書中，意外工作被描述為「注意車上低油量的警示燈 vs 在高速公路上耗盡汽油」（Behr 等人於 2004 年）之間的差異。在前者（低油量警示）中，組織可以有計畫的方式修復問題，而不會對其他既定工作造成太大的攪擾或緊急事件。而在後者（汽油已耗盡），他們一定要以非常急迫的方式去修復問題，通常需要全體總動員－例如，要 6 個工程師放下所有事，提著滿滿的油桶跑上高速公路，來為一輛受困的卡車加油。

同樣地，John Seddon－即先鋒法（Vanguard Method）的創始者－藉由改善我們所提供服務的品質，強調減少他所謂**失敗需求**（failure demand）的重要性（由於未能第一次就把事情做對而導致的工作需求）。這是持續交付的關鍵目標之一，專注在以小批量工作，並持續在過程中反覆測試。

4.4 持續交付實踐：什麼有效，什麼無效

在我們的研究中，發現了 9 種驅動持續交付的關鍵能力，已條列在本章稍早的段落。其中一些能力有其精妙之處－除了架構與工具選擇，這我們會用一整章來討論這些能力本身（第 5 章）。在本章不會更深入的討論持續性整合與部署自動化。

4.4.1 版本控管

全面運用版本控管相對來說沒有什麼爭議。我們詢問受訪者是否將應用程式碼、系統組態設定、應用程式組態設定，以及建構（build）與組態配置自動化腳本存放在版本控管系統中。這些因素放在一起可以預示 IT 績效，而且是構成持續交付的關鍵組件。最有趣的是，將系統與應用程式組態設定存放在版控系統中的這個舉動，與軟體交付績效更加高度相關，高過存放應用程式碼本身於版控系統中。在組態設定管理中，相較於應用程式碼本身，組態設定通常被認為是次要考量，但我們的研究顯示這其實是一種誤解。

4.4.2 測試自動化

如上所討論，測試自動化是持續交付的關鍵部分。根據我們的分析，下列實踐預示了 IT 績效：

- 擁有可靠的自動化測試：當自動化測試通過，團隊就有信心可以發布他們的軟體。再者，他們有把握：一旦測試失敗就表明真有缺陷存在。太多測試套件（test suite）是古怪而不可靠的，會產生假陽性與假陰性反應（false positives and negatives，**譯註**：即誤報，假陽性就是對而不對，假陰性就是錯而非錯）－可靠的測試套件才值得持續不斷投入精力。達成此理想的一個方式是，把不可靠的自動化測試放在分別的隔離套件中，可以獨立運行 註5。當然，您也可以刪除之。若這些測試有版控（它們應該有），您永遠能拿得回來。

- 開發者首先要創建並維護驗收測試（acceptance tests），並且他們可以在開發工作站上輕鬆地重現（reproduce）並修復之。值得注意的是：讓自動化測試主要由 QA 或外包方創設並維護，與 IT 績效並不相關。這背後的理論是，當開發者涉入創設與維護驗收測試，會有兩種重要效果：第一，當開發者撰寫測試的同時，這些程式碼也變得比較可能被測試。這就是為什麼測試驅動開發（test-driven development，TDD）是一種重要的實踐－這會迫使開發者創造更多可測試的設計。第二，一旦開發者要負責自動化測試，他們就會更在乎這些測試，同時投入更多精力來維護並修復之。

以上絕非意味我們應該打發掉測試人員。測試人員在軟體交付生命週期中扮演一個不可或缺的角色：進行手動測試如探索性、可用性與驗收測試，並藉著與開發者並肩工作，協助創建並逐步進化自動化測試套件。

註5　欲得更多資訊請見 https://martinfowler.com/articles/nonDeterminism.html。

一旦有了這些自動化測試，我們的分析顯示：重要的是規律地運行之。每次提交（commit）都應該觸發軟體建置，並且運行一套快速、自動化的測試。

開發者應該每天從更全面的驗收與效能測試套件得到回饋，再者，當前之建置對測試人員應該要是唾手可得的，以為探索性測試之用。

4.4.3 測試資料管理

當創設自動化測試時，管理測試資料可能會很困難。在我們的資料中，成功的團隊有足夠的測試資料來運行完全自動化的測試套件，並且能隨需（on demand）獲取測試資料。此外，測試資料不會構成他們所能運行自動化測試的限制。

4.4.4 主幹開發

我們的研究也發現，從主幹／主要分支開發（而非從長期存在的功能分支為之）與更高的交付績效相關。做得好的團隊無論何時都只有不超過三個活躍的分支，他們的分支只有非常短的生命週期（少於一天），然後就會合併到主幹，並且從來沒有「程式碼凍結」（code freeze）或穩定化（stabilization）等期間。值得一再強調的是，這些結果是不受團隊大小、組織大小或產業別影響的。

即使在發現主幹開發實踐能促進更好的軟體交付績效之後，有些習慣「GitHub工作流」[註6] 的開發者仍持懷疑態度。這樣的工作流重度依賴分支開發，且僅僅定期合併到主幹去。我們曾聽說，若開發團隊不讓分支維持太久，那麼分支策略就可奏效－我們同意：在短暫分支上工作，並至少每天將之合併回主幹；如此與普遍接受的持續整合實踐是一致的。

註6　關於 GitHub 工作流的敘述請見 https://guides.github.com/introduction/flow/。

我們進行額外的研究並發現，運用短暫（整合時間少於一天）分支兼短暫合併與整合週期（少於一天）的團隊，就軟體交付績效而言，的確表現得比運用長期分支的團隊好得多。傳聞中，並根據我們自己的經驗，我們假設：這是因為多個長期分支會阻撓重構（refactoring）與團隊內的溝通。然而我們應該注意到，GitHub 工作流對開源專案來說是恰當的，因為這些貢獻者並非全時間在專案上工作。在那樣的情況下，兼職貢獻者在較長期的分支上開發而不整併回主幹，就說得通了。

4.4.5 資訊安全

高績效團隊比較可能會將資安納入交付流程，他們的資安人員會在軟體交付生命週期的每個步驟上提供回饋，自設計演示以至協助測試自動化等階段。然而，他們是以一種不會拖慢開發流程的方式來進行的，將資安考量整合進每日的團隊工作。事實上，整合這些資安實踐會促進軟體交付績效。

4.4.6 採行持續交付

我們的研究顯示，持續交付的技術實踐對組織的許多面向都有其深遠影響。持續交付會改善交付績效與品質，而且也幫助改善文化並降低過勞與部署折磨。然而，實施這些實踐通常需要全盤重新思考–從團隊如何工作，到他們如何彼此互動，到運用什麼工具與流程不一而足。這也需要測試與部署創建與維護自動化上可觀的投資，兼從一而終的努力以簡化系統架構，以確保自動化不會昂貴到令人望之卻步。

因此，實施持續交付的決定性障礙，就是企業組織與應用程式架構。我們會在第 5 章討論研究結果，深入這個重要主題。

05

架構

我們見識過，採行持續交付實踐會改善交付績效、對文化有深遠影響，並降低過勞與部署折磨。然而，您軟體的架構與所仰賴的服務，對增益發布流程的節奏與穩定性，以及所交付的系統來說，可能會成為顯著的障礙。

再者，DevOps 與持續交付源自基於網路的系統（web-based system），所以理當會想知道是否這些實踐能被應用在大型主機系統（mainframe systems）、韌體、或一般由成千上萬緊密耦合系統所構成的大泥球（big-ball-of-mud，**譯註**：即疊床架屋，沒有可辨認結構或架構、東拼西湊的反模式）企業環境（Foot 與 Yoder 於 1997 年）。

我們開始去發掘架構決策與限制對交付績效的深遠影響，以及有效的架構為何物。同時，我們發現任何系統都可能有高績效，只要這些系統–與打造及維護之的團隊–是鬆散耦合的。

這樣關鍵的架構屬性，讓團隊能不費力地測試並部署個別組件或服務，即便組織與其運維的系統數持續增長–也就是說，這允許組織隨著規模擴縮仍能增益其生產力。

▌5.1 系統與交付績效的類型

我們審視了大量類型的系統，以找出系統類型與團隊績效之間是否有某種關聯。無論是作為開發中的主要系統，或是作為某種被整合的服務，我們檢視過下列的系統類型：

- 綠地：尚未被發布的新系統

- 參與系統（system of engagement，直接為終端使用者所用）

- 記錄系統（system of record，用來存放業務關鍵(business-critical)資訊，其中的資料一致性與完整性可是至關重要的）

- 另一家公司所開發的客製化軟體

- 內部開發的客製化軟體

- 套裝的、商用現貨（commercial off-the-shelf COTS）軟體

- 運行在量產（manufactured）硬體裝置上的嵌入式軟體

- 可讓使用者自行安裝其中元件的軟體（包括行動 app）

- 運行在另一家公司所運維的非大型主機（non-mainframe）軟體

- 運行在自家伺服器上的非大型主機軟體

- 大型主機軟體

　　我們發現，低績效者比較可能會說他們正在打造的軟體－或是他們需要與之互動的服務集－是另一家公司所開發的客製化軟體（例如某外包夥伴）。低績效者也比較可能在大型主機系統上從事工作；有趣的是，與大型主機系統整合的需要並不會與績效有什麼顯著相關。

　　在其餘案例中，系統類型與交付績效之間並沒有顯著關聯。這很令人驚訝：過去我們期待從事套裝軟體、記錄系統、或嵌入式系統相關工作的團隊會表現較差，且期待從事參與系統與綠地系統的團隊表現較佳；但資料顯示並非如此。

　　這更進一步證實專注在架構特徵上的重要性，如下所討論，而非您架構的實作細節。要成就這些特徵，即使是以套裝軟體或「舊有」（legacy）大型主機系統也是可行的－而且相反地，若您忽略這些特徵，就算利用最新穎先進的微服務架構，將之部署在容器上，也不保證會有更高的績效。

如我們在第 2 章所言，鑒於軟體交付績效對組織績效有深遠影響，重要的是投資在您的能力上，以創建並演進核心、戰略性軟體產品與服務，為您的業務提供差異化因素（differentiator，**譯註**：即獨特性或所謂品牌定位）的服務是非常重要的。現實情況是，低績效者比較可能使用－或整合－另一家公司所開發的客製化軟體，這更突顯出將這種能力內化於組織中的重要性。

▍5.2 專注在可部署性與可測試性

雖然在大多數情況下，就達成高績效而言，您正在建造的系統類型並不重要，但有兩種架構上的**特徵**卻是重要的。那些比較認同以下敘述者，比較有可能立足於高績效集團中：

- 我們不需要一個已整合好的環境[1]就可以進行大多數測試。

- 我們可以（也的確）自外於所仰賴的其他程式／服務，去部署或發布我們的應用程式。

看來，這些架構決策的特徵（我們稱之為可測試性與可部署性），在創建高績效過程中是很重要的。為了成就這些特徵，請設計鬆散耦合的系統－也就是說，這些系統可以各自獨立變更並驗證。在 2017 年的調查中，我們擴充了分析，去試驗一個鬆散耦合、封裝（encapsulated）良好的架構能驅動 IT 績效到何種程度。我們發現這種架構的確會驅動之；確實，在 2017 年的分析中，持續交付的最大促成因素（contributor）－比起測試與部署自動化甚有過之－就是團隊是否能：

註1　我們將一個已整合好的環境定義為：在這個環境中，多個彼此獨立的服務被部署在一起，例如預備（staging）環境。在很多企業中，已整合好的環境是代價高昂的，並且需要相當的時間才能安排停當。

- 對他們的系統設計進行大規模變更，而不需要團隊以外的任何人許可

- 對他們的系統設計進行大規模變更，而不用仰賴其他團隊變更其系統，或給其他團隊造成客觀其他的工作量

- 完成他們的工作，而不用與其團隊以外的人溝通協調

- 應需（on demand）部署並發布他們的產品或服務，不用顧慮所仰賴的其他服務

- 應需進行他們大部分的測試，而不需要一個已整合好的測試環境

- 能在正常營業時間進行部署，只會有微不足道的停機時間

在架構能力項目得高分的團隊中，交付團隊之間只需要少量溝通就可以把工作做好，並且系統架構是設計來讓團隊可以測試、部署、並修改他們的系統，而不用依賴其他團隊；換句話說，架構與團隊是鬆散耦合的。為了能做到如此地步，我們一定也要確保交付團隊是跨部門（職能）的，具備所需的技能以在同一團隊中能設計、開發、測試、部署、以及運維系統。

如此在溝通頻寬（communication bandwidth，**譯註**：如傳輸頻寬，人也要花時間精力來溝通）與系統架構之間的連結，首次是由 Melvin Conway 討論到，他說：「設計系統的組織...會被侷限，而只能產出其實是複製這些組織溝通架構的設計」（Conway 於 1968 年）。我們的研究進一步證明這有時候稱作「反康威妙計」（inverse Conway Maneuver）註2 的逆向操作，就是說組織應該演化其團隊與組織結構，以成就想要的架構。目標是為了讓您的架構支持團隊有能力去完成他們的工作－從設計到部署－而不需要團隊間的高頻寬溝通（high-bandwidth communication，**譯註**：有人稱作過度溝通，如果設計精妙簡潔，是不需要過度溝通的）。

註2　更多資訊請見 https://www.thoughtworks.com/radar/techniques/inverse-conway-maneuver。

使此種策略成為可能的架構方法包括：運用有界脈絡（bounded contexts，見以下譯註）與 API 來作為一種方式，去解耦（decouple，**譯註**：使其中小單元彼此脫鉤）大領域成為較小的、更鬆散耦合的單元，並且運用測試替身（test double）與虛擬化技術，作為分別（隔離）測試服務或組件的一種方式。服務導向的架構應該要使以上這些結果成為可能，任何真正的微服務架構也應該如此。然而，必要的是當實作如此架構時，對這些結果的要求要非常嚴格。不幸的是，在現實生活中，許多所謂的服務導向架構（SOA）並不允許個別獨立測試與部署服務，因此就無法使團隊達成更高的績效 [註3]。

★譯註 有界脈絡（bounded context）是 DDD（領域驅動設計）的術語，有人翻譯做限界上下文，就如同細胞膜一樣，定義什麼在細胞內，什麼在細胞外，並決定什麼可以通過細胞膜。脈絡可能是某部分程式碼，或特定團隊的工作；在腦力激盪時發明的模型，脈絡就侷限在那次對話中。而模型脈絡就是任何一套在其中必定要成立的條件，如此才能說模型中的名詞術語有其明確意義。有界的意思，就是明確定義某個模型適用的範圍，並就團隊組織、應用程式特定部分中的用法、以及如程式庫與資料庫綱要等實體表現形式來設定界限；讓模型在這些界限中嚴格地始終如一，卻又不被外界的問題所分心或混淆。

當然，DevOps 究竟還是熱衷於團隊間更好的協作，而且我們並非有意暗示團隊不要彼此合作。鬆散耦合架構的目標，是確保可用的溝通頻寬，不會被實作層級決策的枝微末節而淹沒，讓我們反而可以利用這些頻寬來討論更概要（higher-level）的共同目標，以及如何達成之。

註3　關於如何達成這些目標，Steve Yegge 的〈苟詈平台〉一文中有些極好的建議：http://bit.ly/yegge-platform-rant。

▍5.3 鬆散耦合架構俾能擴縮

　　若我們成就了鬆散耦合、封裝良好的架構，且有相應的組織結構，兩件重要的事情會發生：第一，我們可以達成更好的交付績效，增益步調與穩定性，同時減少過勞與部署折磨。第二，隨著我們如此行之，可以很大程度地增長工程組織的規模，並線性增益生產力－或好過線性。

　　為了測量生產力，我們從資料中計算下列指標：每個開發者每天部署的次數。這種擴縮軟體開發團隊的正統觀點揭示：增加團隊中的開發者或許會增益整體生產力，但個別開發者的生產力實際上會減少，因為溝通與整合的間接成本增加了。然而，就那些每天至少部署一次的受訪者而言，在檢視他們每個開發者每天的部署次數後，我們看見如圖 5.1 所描繪之結果。

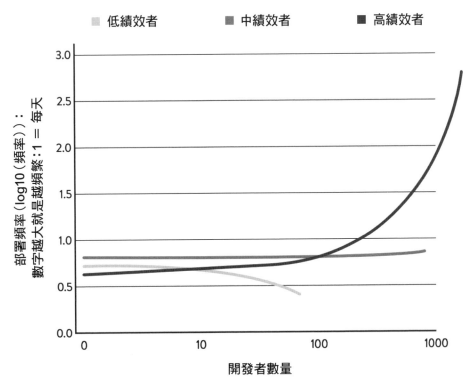

圖 5.1 每個開發者每天的部署次數

95

隨著開發者數量增加，我們發現：

- 低績效者的部署頻率越來越低。

- 中績效者的部署頻率持平。

- 高績效者的部署頻率顯著提升。

藉著專注在預示高交付績效的那些要素上－一種目標導向的生機型文化、一種模組化的架構、俾能持續交付的工程實踐、以及有效用的領導階層－我們就可以隨著開發者數目，線性擴縮每位開發者一天內的部署次數，甚或優於線性。這讓我們的業務隨著人數增加也可以**更快**前進，而不是如一般情況慢下來。

▎5.4 允許團隊選擇他們自己的工具

在許多組織中，工程師一定要從一份被核准的清單中，選擇能使用的工具與框架，這種方法一般來說是為了下列一或多個目的：

- 降低環境複雜度

- 確保必須的技能就緒，以在該技術的生命週期中自始至終好好管理之

- 增加對供應商的購買力道

- 確保所有的技術都正確授權

然而，這樣缺乏彈性有其不利面：這會妨礙團隊以致無法選擇最適切他們特定需求的技術，而且也無法實驗新方法或典型（paradigm）以解決其問題。

我們的分析顯示，工具選擇是技術工作的重要環節。當團隊可以決定他們要使用哪種工具，就會促進軟體交付績效，而且組織績效也會因此提升。這並不令人驚訝，這些開發並交付且運行複雜基礎設施的技術專業人員，根據何者最能完成工作與支援客戶來選擇工具。關於技術專業人員的其他研究也發現了類似結果（例如 Forsgren 等人於 2016 年），間接表明授權團隊選擇工具的優點可能大過缺點。

話說回來，標準化還是有其地位，尤其是環繞在架構與基礎設施周圍。Humble（於 2017 年）已詳盡討論過標準化運維平台的益處。另一個例子是 Steve Yegge 對於亞馬遜轉換到 SOA 架構的描述，其中他談到：「為其他人的程式碼除錯變得難上**許多**，而且基本上是不可能的。除非有種普遍而標準的方式，能在一個可除錯的沙盒（sandbox）中運行每個服務」（Yegge 於 2011 年）。

我們研究中的另一個發現是，將資安內建在其工作中的團隊，做起持續交付也會比較好；此間的關鍵要素是，確保資訊安全團隊使這些預先核准過、容易消費（consume）的函式庫（library）、套裝（package）、工具鏈（toolchain）流程等，可供開發者及 IT 運維在其工作場域中使用。

這裡沒有矛盾，當所提供的工具真的讓使用的工程師生活更輕鬆，他們就會自願採用之。這方式比強迫他們使用那些「為了其他利害關係方（stakeholders）便利」而選擇的工具強多了。當為內部客戶選擇或打造工具時，與為外部客戶打造產品一樣，應該同等關注在可用性與客戶滿意度上；並且允許您的工程師選擇是否使用這些工具，可以確保我們在這方面履守誠信。

▎5.5 架構師應關注工程師與結果，而非工具或技術

　　圍繞架構的討論通常會關注在工具與技術上。組織應該採用微服務或是無伺服器（serverless）架構？他們應該運用 Kubernetes 或 Mesos？他們應該標準化哪種 CI 伺服器、語言或框架？我們的研究顯示，關注在這些問題上是錯誤的。

　　若必須使用這些工具或技術的人厭惡它們，或它們未能達成某些結果，而無法使我們在乎的行為變成可能，那麼您運用何種工具或技術就無關緊要了。重要的是俾團隊能變更其產品或服務，而不需仰賴其他團隊或系統。架構師應該與其使用者緊密協作–即建造並運維系統的工程師們，透過這些系統組織才能使命必達–以幫助他們達成更好的結果，並提供他們這些工具與技術，使這些結果成為可能。

06

將資安整合
進交付生命週期

或許 DevOps 運動取名欠佳－忽略了一些職能，如：測試、產品管理、以及資訊安全。DevOps 原先的意圖是－在一定程度上－想使開發者與運維團隊之間更和睦，以創造雙贏局面，追求系統層級目標，而非把工作拋過牆去，出事就相互指責。然而，這種行為不僅限於開發與運維，只要軟體交付價值流（software delivery value stream）中任何不同的職能彼此配合失靈，這種行為也會發生在這些環節上。

當討論到資訊安全團隊的角色時尤其如此。在這個時代，威脅無所不在而且不舍晝夜，資安（infosec）是個極其重要的職務。然而，資安團隊通常人手不足－Signal Sciences 公司的研究主任 James Wickett，引證一個比例：在大公司中，每 100 個開發者／每 10 個基礎設施人員只配置 1 位資安人員（Wickett 於 2014 年）－而且他們通常只在軟體交付生命週期的末段才參與，而偏偏在這時候，要做任何必要的變更以改善資安是很折磨人，而且代價高昂的。再者，許多開發者對常見的資安風險是茫昧無知的，比如說開放式 Web 應用程式安全專案(Open Web Application Secutiry Project，OWASP)前十大排名[註1]，遑論如何預防了。

我們的研究顯示，將資安納入軟體開發過程不只可改善交付績效，也能提高資安品質。有高交付績效的組織，花在補救資安問題上的時間會顯著地少很多。

註1　更多資訊請見 https://www.owasp.org/index.php/Category:OWASP_Top_Ten_Project。

▌6.1 資安左移

我們發現，當團隊「左移」資訊安全時（ **譯註** ：提早重視資安問題，也許在 component build 建構期間就處理）–也就是說，當他們將之納入軟體交付流程，而非讓資安成為一個分別的階段，僅在開發流程的下游發生（ **譯註** ：開發完才檢視）–這對他們實踐持續交付的能力有正向的深遠影響，進而也對交付績效帶來正向的深遠影響。

「左移」到底牽涉到哪些部分？第一，會對所有重大功能進行資安審查，並且這樣的審查流程，是以一種不會拖慢開發流程的方式來進行。我們怎麼能確保「注重資安」不會降低開發通量（throughput，亦可視為生產力）？這就是該能力第二方面的焦點：應該將資安整合進整個軟體交付生命週期，從開發一路到運維階段。這意味著資安專家應該貢獻在「設計應用程式流程」中，參與軟體演示並提供回饋，且確保資安功能部分在自動化測試套件中佔有一席之地。最終，當涉及資安時，我們想要讓開發者很容易就可以做到正確的事。這可透過下列達成：確保有容易使用（消費）、預先核准的函式庫、套裝包（package）、工具鏈以及流程等可供開發者與 IT 運維使用。

由此可見到某種轉移：自資安團隊從事資安審查，至給予開發者以種種手段內建資安於開發流程中。這反映了兩種現實：第一，這比以前容易多了：確保建構軟體的人在做正確的事，而非檢查幾近完成的系統與功能後，才想到要找重大架構問題與瑕疵，而牽涉可觀的重工（rework）。第二，當部署頻繁起來，資安團隊就是沒有餘力進行資安審查。在很多組織中，為了將系統從「開發完成」帶到上線，資安與合規性是顯著的瓶頸。讓資安專家從頭到尾參與開發流程，也有改善溝通與資訊流的效果–是種雙贏局面，並且是 DevOps 的核心目標。

美國聯邦政府中的合規性

美國聯邦政府資訊系統要受到聯邦資訊安全管理法（Federal Information Security Management Act of 2002，FISMA）之管轄。FISMA要求聯邦政府機構遵從NIST（National Institude of Standards and Technology，**譯註**：國家標準暨技術研究院）的風險管理框架（Risk Management Framework，RMF）。RMF包括多個步驟，比如系統安全計畫之準備是否已貫徹，計畫中記載相關的安全控制（就一個中度衝擊系統(moderate-impact system，請見以下譯註)而言有325項），然後有個評估會產出報告（資安評估報告或SAR），其中會記載實施結果的有效性。這過程可能會花費數月至一年以上，並且通常是系統「開發完成」後才會開始。

為了縮短交付聯邦政府資訊系統的所需時間並降低其成本，一個位於18樓的公僕小團隊創建了一個平台即服務（platform as a service），稱做cloud.gov。這是基於Pivotal公司的Cloud Foundry之某個開源版本，架設在亞馬遜雲端運算服務（AWS）上。大多數架設在cloud.gov上的系統中（安全）控制－325項中的269項對中度衝擊資訊系統而言是必需的－會在平台層級處理。架設在cloud.gov上的系統只需要幾週就可以從開發完成走到上線，而不需要數月的時間。這顯著地減少所需之工作量－以及成本－以實行風險管理框架的需求。

欲知更多資訊，請詳閱 https://18f.gsa.gov/2017/02/02/cloud-govis-now-fedramp-authorized/。

★譯註 此為NIST／FIPS定義之名詞，即一個資訊系統，其中至少有一個安全性目標（也就是保密性、完整性或可用性3個目標其中之一）被評定為FIPS 199中度潛在衝擊，並且沒有任何一個安全性目標被評為FIPS 199高度潛在衝擊。FIPS 199中度潛在衝擊的定義為：一旦失去保密性、完整性或可用性，會預期對組織的運維、資產或個體有嚴重的負面效果；而FIPS 199高度潛在衝擊定義為：一旦失去保密性、完整性或可用性，會預期對組織的運維、資產或個體有慘重或災難性的負面效果。

當將資安內建於軟體中是開發者每日例行公事的一部份，而且當資安團隊提供工具、訓練以及支援以使開發者容易去做對的事，那麼交付績效就會變好。再者，這對資安有正面深遠的影響。我們發現相較低績效者而言，高績效者少花費 50% 的時間補救資安問題。換句話說，藉著將資安納入每日工作，而不是在最後才亡羊補牢資安疑慮，如此一來花費在因應資安問題上的時間會明顯少很多。

6.2 堅實運動

有人提出其他名稱想要延伸 DevOps 以涵蓋資安顧慮。其中一個是 DevSecOps（由業界的一些先進所創造的名稱，包括 Capital One 公司的 Topo Pal 與 Intuit 公司的 Shannon Lietz）；另一個是堅實（Rugged）DevOps，由 Josh Corman 與 James Wickett 所創。堅實 DevOps 就是 DevOps 與**堅實宣言**（Rugged Manifesto）的組合。

- 我是堅實的，更重要的是，我的程式碼是堅實的。

- 我承認軟體已經變成現代世界的一個基礎。

- 我接受隨著這個角色而來的超棒責任。

- 我承認我的程式碼可能會以非我預期、非其設計的方式被利用，而且被使用得會比當初預期的還久。

- 我承認我的程式會被才華洋溢、堅持不懈的競爭對手所攻擊，他們會威脅到我們的物理（環境）、經濟與國家安全。

- 我接受這些事－並且我選擇要堅實。

- 我很堅實，因為我拒絕成為漏洞或弱點來源（老鼠屎）。

- 我很堅實，因為我保證我的程式碼會支持其使命。

- 我很堅實，因為我的程式碼能面對這些挑戰，儘管處於逆境仍堅忍不拔。

- 我堅實，不是因為這很容易，而是因為這是有必要的，而且我迎接挑戰（Corman 等人於 2012 年）。

為了堅實運動能成功－並且與 DevOps 原則掛鉤－堅實是每個人的責任。

為軟體而設
的管理實踐

軟體交付脈絡中的管理理論與實踐在過去數十年間經歷了重大改變，並有多種典範（paradigm）在作用中。多年來，專案與程序（program，詳見底下的譯註）管理典範有相當的宰制力，可見於框架如美國專案管理學會（Project Management Institute）與 PRINCE2（PRojects IN Controlled Environments，**譯註**：受控環境下的專案管理第二版，是一種專案管理方法，包括項目管理、控制和組織）。隨著**敏捷宣言**（Agile Manifesto）於 2001 年發布之後，敏捷方法迅速變得流行。

> **★ 譯註** program 亦作計畫或專案，為不與 project 混淆而譯作「程序」，最知名的就是 Microsoft 只有 program manger 這種職稱，而沒有 product manager，但是 program manager 做的事情可能是管理 product 或是 project，每個 team 的差異很大。大部分矽谷公司的 product manager 就是管理 product 的，而 program manager 和 project manager 差不多，是負責一個 program／project／team 的各種進度和資源。

與此同時，從製造業中**精益（Lean）運動**而來的想法開始被套用在軟體上。該運動源自豐田（Toyota）的製造方法，原本是設計來解決這種問題：為相對小的日本市場創造廣泛的車款。豐田致力於嚴厲不懈的改善，俾使公司更快建造車輛，成本更低廉，並有優於競爭對手的品質。諸如豐田與本田（Honda）這種公司深深砍了美國汽車製造業一刀，後者只能藉由採行他們的觀念與方法才得生存。精益哲學起初是為了軟體開發，由 Mary 與 Tom Poppendieck 所改造出來的，載於他們的**精益軟體開發**（Lean Software Development）系列叢書。

於本章中，我們會討論從精益運動而來的管理實踐（management practices），以及它們如何驅動軟體交付績效。

7.1 精益管理實踐

在我們的研究中,我們以 3 個組件來形塑(model)精益管理與其在軟體交付上的應用(圖 7.1 與輕量化變更管理,會一併在本章稍晚討論到):

1. 限制進行中工作(work in progress,WIP),並運用這些限制來驅動流程改善及增益通量(throughput,即生產能力)。

2. 創建並維護視覺化展示機制(visual display,**譯註**:如大螢幕或是閃紅燈警示,有的還會發出鳴笛聲,提醒現在誰的 commit 搞壞 build),顯示關鍵品質與生產力指標,以及當前工作狀態(包括瑕疵),讓工程師與領導都能看到這些視覺化展示機制,並將這些指標對著運維目標校準。

3. 運用從應用程式效能與基礎設施監控工具而來的資料,俾能做日常業務決策。

精益管理

限制進行中工作(WIP)

視覺化展示

使工作流程顯而易見

輕量化變更的審核

圖 7.1 精益管理的組成元件

WIP 限制與視覺化展示的運用在精益社群中眾所周知。它們是用來確保團隊不會變得過載（不堪重負，可能導致更長的前置時間），並且暴露出流程中的障礙。最有趣的是，單就 WIP 限制是無法強烈預示到交付績效；只有當這些限制與視覺化展示綜合使用，並且具有從「生產監控工具」回到「交付或業務團隊」的**回饋迴路**（feedback loop），我們才有辦法看到強烈的效用。當團隊一起使用這些工具時，我們看到更強大的正面效用反映軟體交付績效上。

　　也很值得更深究的是，我們到底在測量什麼。在 WIP 的案例中，我們不只是問團隊是否善於限制其 WIP，而且有流程就緒可以如此行之。我們也詢問：是否他們的 WIP 限制對引人注目的更高工作流（flow）造成阻礙，還有團隊是否透過流程改善來掃除這些障礙引致通量上的改進。WIP 限制若沒有引致工作流增加這種改善，那就沒有用。

　　在視覺化展示的案例中，我們會詢問是否視覺化顯示或儀表板有用來共享資訊，還有團隊是否使用例如看板（kanban）或故事板（storyboard）等工具來組織他們的工作。我們也問到：是否品質與生產力的相關資訊可信手拈來、是否故障或瑕疵率是用視覺化展示公開顯示，以及這些資訊是多麼信手拈來。這裡的核心概念是展示的資訊種類、是如何被廣泛共享、以及取用有多容易：促使能見度與高品質溝通成為可能才是關鍵。

　　我們假設綜合起來，這些實踐增益交付績效－而它們的確如此；事實上，這些也對團隊文化與績效有正向的影響。如圖 7.2 所示，這些精益管理實踐減少過勞（我們會在第 9 章中討論）並引致一個更有生機的文化（如第 3 章中 Westrum 的模型所描述）。

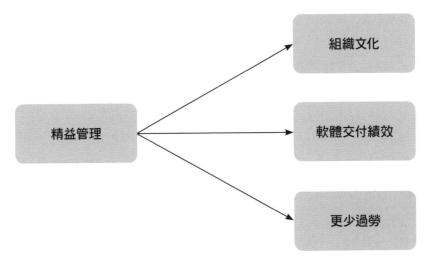

圖 7.2 精益管理實踐的深遠影響

▋7.2 實施輕量化變更管理流程

每個組織都會有某種流程來對生產環境做出變更。在一家新創公司中，這樣的變更管理流程可能就只是叫另一位開發者（同行、同儕）來，在推送某個變更上線前審查您的程式碼這樣簡單；在大型組織中，我們通常看到會耗上數天（甚至數週）的變更管理流程，要求除了團隊層級的審查以外，每個變更也都要被團隊外部的**變更審核委員會**（change advisory board，CAB）審查過，例如一種正式的程式碼審查流程。

我們想要調查變更審核委員會對軟體交付績效的深遠影響，因此，我們探問下列 4 種可能場景：

1. 所有的生產環境變更必須要被某個外部團體核准過（如某主管或 CAB）。

2. 只有高風險變更（比如資料庫變更）需要核准。

3. 我們仰賴同行審議（peer review）來管理變更。

4. 我們沒有變更核准流程。

結果是令人驚訝的，我們發現只為高風險變更進行的核准流程，跟軟體交付績效是不相關的。回報沒有核准流程或使用同行審議的團隊，反而能達到較高的軟體交付績效。最後，需要外部團體核准的團隊只能達成較低的績效。

　　我們更深入調查外部團體核准的案例，看看是否這樣的實踐與穩定性相關。結果發現，外部核准與前置時間、部署頻率與恢復時間等是呈負相關的。長話短說，由外部團體所為的核准（比如某主管或 CAB）就是沒有用，無法增益生產環境的穩定性（以「恢復服務用時」與「變更故障率」來測量之）。然而，這確定會拖慢腳步，事實上，會比完全沒有變更核准流程還糟。

　　根據這些結果，我們的建議是運用一種輕量化的變更核准流程，是基於同行審議的，比如說結對程式設計（pair programming）或團隊間的程式碼審查，結合一個部署流水線來偵測並拒收壞的變更。這樣的流程可以用在所有種類的變更上，包括程式碼、基礎設施、以及資料庫變更。

職責分離

　　在有規範調控的行業中，職責分離（segregation of duties，**譯註**：如三權分立或唐代的三省制，維持均勢是很重要的。在此即是把重要功能與職責拆分開來，一人管一段，如開發者不會安裝自己的程式，而是透過運維團隊代勞，如此可以避免差錯及舞弊情事，或是監守自盜）通常是有需要的，無論是白紙黑字的規範（例如，在支付卡產業資料安全標準(Payment Card Industry Data Security Standard，PCI DSS)的案例中）或是由稽核單位為之。然而，施行這樣的控制並不需要動用 CAB 或單獨的運維團隊。有兩種機制可供有效運用，以滿足此種控制的官樣文書與其精神。

　　第一，當任何一種變更被提交（committed）時，沒有牽涉在編寫這變更其中的某人應該要審查之，在提交到版本控管之前或之後馬上為之。這某人可以是同一團隊中的人，此人應該核准這變更，並記錄其核准在記錄系統中，比如說 GitHub（藉著核准該拉取請求 PR）上，或是藉由某個部署流水線工具（在提交之後馬上核准某個手動步驟）。　　　　**↓**

第二，變更只能運用一種完全自動化的流程來套用在生產環境上，這流程即是構成部署流水線的一部份 **註1**。也就是說，除非變更已經被提交上版本控管系統、由標準的建構與測試流程驗證過、然後藉由一個自動化的流程部署之，流程被觸發（由提交觸發）後得經過部署流水線重重關卡；否則不能被上到生產環境。實作一條部署流水線的結果就是，審計員（auditor）會有一個完整的記錄，知道什麼變更被套用到什麼環境上、從版控系統的哪裡來、跑過什麼樣的測試與驗證、還有何人於何時核准這些變更。因此，在攸關安全或高度規範的行業脈絡中，一條部署流水線特別有價值。

邏輯上，很清楚的是為何由外部團體所為的核准是有問題的。畢竟，軟體系統是很複雜的。每個開發者做了看似無害的變更，卻搞垮了一部份系統。那麼，一個外部團體在不是那麼熟諳系統內部的狀況下，要能夠審查上萬行的程式碼變更（可能是由數百個工程師共同為之），然後還要能夠確定這些變更對一個複雜生產環境系統所造成的深遠影響，請問這有可能做到嗎？這種主意就是一種風險管理的劇場：我們打勾勾就好，所以當事情出錯時，我們就可以說有遵循流程了。充其量，這樣的流程只會導致時間上的延遲還有彼此間數不清的交接。

我們覺得還是有空間讓團隊以外的人，可以圍繞著變更做有效的風險管理。然而，這比較是種治理（governance）的角色，而非真正檢查變更。如此的團隊應該去監控交付績效，並藉著實施那些眾所周知會增益穩定性、品質與速度的種種實踐，如本書中所描述的持續交付與精益管理等實踐，來幫助團隊改善交付績效。

註1　更多關於部署流水線的資訊請見 https://continuousdelivery.com/implementing/patterns/。

MEMO

08

產品開發

敏捷（Agile）這個品牌或多或少已經贏得了方法論（methodology 大戰。然而，一直以來真正施行的大多是**假的**敏捷－人們跟風某些常見的實踐作法，卻無法面對更廣大的組織文化與流程。例如，在比較大的公司，還是常耗費數月時間在編預算、分析以及需求蒐集上，然後才開始工作；常見到工作堆積成大型專案，發布卻少得可憐；還有客戶的回饋通常會被當作事後諸葛。對比之下，**精益**（Lean）產品開發與精益新創運動兩者都強調：從產品生命週期的一開始，就藉由頻繁地進行使用者研究，來測試您的產品設計與商業模式（business model）。

Eric Ries 所著的《The Lean Startup》（Ries 於 2011 年）開創了一股興趣的湧流，讓大家注意到在萬事草創混沌不明時，以輕量化方式去探索新的商業模式與產品構想。Ries 的工作成果就是融合多方概念：精益運動、設計思維與企業家 Steve Blank 的成果（Blank 於 2013 年），強調採取實驗性方法來進行產品開發。這樣的方式，據我們研究，包括從一開始就建構並驗證原型（prototype），以小批量方式工作，並及早且經常演進或「轉型」產品與其背後的商業模式。

我們想要試試看這些實踐是否對組織績效有直接的深遠影響，可以就生產力、市佔與獲利能力各方面來測量之。

8.1 精益產品開發實踐

我們檢視了 4 種能力，而這些能力構成了我們精益產品開發方式的模型（也見於圖 8.1）：

1. 團隊切分產品與功能成小批量（batch）到何種地步，這些小批量可以在一週內完成，並且頻繁發布，包括運用 MVP（minimum viable products 最小可行性產品）。

2. 團隊是否有良好的理解，知曉從業務端一直到客戶端的工作流，以及他們對此工作流是否有其能見度，包括產品與功能的狀態。

3. 組織是否積極並規律地尋求客戶回饋，並將此回饋納入其產品設計。

4. 作為開發流程的一部份，開發團隊是否有權創建並變更規格，而不需經過批准。

分析顯示，這些因素有其統計顯著性，可預示較高的軟體交付績效與組織績效，也改善組織文化並減少過勞。我們進行研究多年來，也發現軟體交付績效預示了精益產品的管理實踐。由歷來文獻所揭示，這種相互關係構成了所謂的良性循環。改善您軟體交付的有效性（effectiveness），會改善您以小批量工作的能力，並且在這過程中納入客戶的回饋。

> **精益產品開發**
>
> 以小批量工作
>
> 視覺化管理
>
> 收集並實作客戶回饋
>
> 團隊實驗

圖 8.1 精益產品管理的成分

以小批量工作

以小批量工作的關鍵是：將工作分解成小功能，顧及快速開發，而不是分解成在眾多分支上開發的複雜功能，並且鮮少發布。這樣的主意可以套用在功能與產品兩個層面。MVP（最小可行性產品）就是產品原型，只有足夠的功能，俾能實證學習（validated learning，**譯註**：新創事業需要以事實來驗證，確認找到未來發展的潛力，避免只是成功執行一個沒有結果的計畫，要 fail fast 或趕快失敗才不會浪費資源），知曉產品與其商業模式。以小批量工作能縮短前置時間，俾能有更快的回饋迴路（feedback loop）。

在軟體組織中，能以小批量工作並交付的能力格外重要。因為它讓您能夠運用如 A／B 測試（**譯註**：如 A 版與 B 版介面彼此只有些微差異，用來比較何者較佳，可以比較 engage 使用者）等技巧快速收集使用者的回饋。值得注意的是，某種處理產品開發的實驗性方式，其實與促成持續交付的技術實踐是高度相關的。

收集客戶回饋包括多種實踐：規律地收集客戶滿意度指標、積極地尋求客戶方關於產品與功能品質之洞見，並運用這些回饋以資產品與功能設計借鑑。團隊實際上能獲得授權到何種程度以回應這種回饋，結果發現也是非常重要的。

▌8.2 團隊實驗

許多在組織中工作並聲稱是敏捷的開發團隊，仍然被迫要遵循不同團隊提出的眾多要求。這樣的限制會造成一些實際上的問題，導致產品無法真正滿足並吸引客戶參與，而無法兌現預期的業務結果。

敏捷開發的一個要點是：開發過程自始至終從客戶方尋求意見，包括初始階段；這讓開發團隊可以收集重要資訊，以資接踵而來之開發階段借鑑。但若開發團隊未獲允許，沒有某外部團體的授權，去變更需求或規格以回應所發現的情況，那麼他們創新的能力就會受阻。

　　我們的分析顯示，團隊不需要團隊以外的人核准，就能嘗試新主意且在開發流程期間創建並更新規格的能力，是預示組織績效的重要因素，會反映在各種量測，如：獲利能力、生產力以及市佔。

　　我們並非建議您放開發者自由，讓他們從事任何所喜歡的主意。為了要有效，實驗應該要與其它我們在此所測量的能力結合：以小批量工作、讓通過交付流程的工作流對每個人都是顯而易見的，並且將客戶回饋納入產品設計。這確保您的團隊就設計、開發與工作交付能做出合乎邏輯、深思熟慮的選擇，並且根據回饋修改之。這也確保他們所做深思熟慮的決定是經過組織上下充分溝通的。如此一來，他們所打造的這些主意與功能更可能帶給客戶滿足，並增益價值給組織。

8.3 有效的產品管理會驅動績效

　　我們做過 2016 年至 2017 年間，精益產品管理能力的分析。在第一種模型中，我們看到精益產品管理實踐對軟體交付績效所帶來正面的深遠影響，激發一種生機型文化，並且減少過勞。

　　在接下來的一年中，我們翻轉了模型，並且確認了軟體交付績效會驅動精益產品管理實踐。改善您的軟體交付能力，俾能以小批量工作，且能在過程中進行使用者研究，引致更好的產品。若我們綜合經年的各種模型，它就會變成一個互惠的模型，或者口語上說的一種良性循環。我們也發現精益產品管理實踐可以預示組織績效，會在生產力、獲利能力及市佔等方面測量到。這種增益交付績效與精益產品管理實踐的良性循環，會為您的組織驅使出更好的結果（請見圖 8.2）。

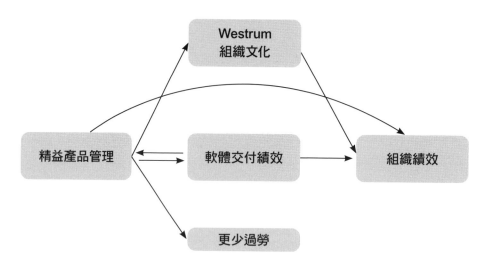

圖 8.2 精益產品管理的深遠影響

　　在軟體組織中，以小批量工作並交付的能力可是格外重要，因為這讓團隊能將使用者研究整合進產品開發與交付。再者，以實驗性方法處理產品開發的能力，與促進持續交付的技術實踐是高度相關的（**譯註**：比如看似不相干的一些指標，其實可以用統計學習（stat learning）的方式找出彼此的相關性，進而實作更便利、更有意義的自動化系統，甚或省去一些看似必要的步驟或程式；或者以數學或統計方法去蒐集工作相關資料，讓時程更加可預測等等不一而足）。

09

使工作永續

為了確保軟體交付績效不是透過暴力法（brute force，即所謂洪荒之力），或犧牲您團隊的心理健康才能達成，我們的專案調查了團隊過勞與部署過程會有多折磨人。我們測量了這些，是因為知道它們在科技業界是重要議題，會造成疾病、減員（attrition）、以及動輒價值數百萬美元的生產力損失。

9.1 部署折磨

當工程師與技術人員推送程式碼上生產環境時，他們所感受到的害怕與焦慮，可以為我們揭露該團隊的軟體交付績效。我們稱此為**部署折磨**（deployment pain），它很重要故而該測量之，因為這會突顯出用以開發及測試軟體之活動，與為了維護並保持軟體正常運作所需的工作之間的摩擦與脫節。這就是開發與 IT 運維相遇之處，而且也是彼此間最可能（潛在）有差異之處：於環境、於流程與方法論（methodology）、於思維模式、甚至於團隊用來描述其所從事工作的詞彙。

我們在此領域的經驗，以及經年來與建構及部署軟體的專業人員之互動，不斷突顯出部署折磨的重要性與相關性。由此，我們想要調查部署折磨，看看它是否可以被測量，並且更重要的是，它是否受 DevOps實踐（DevOps practices）所影響。我們發現，在程式碼部署最折磨之處，您會發現最蹩腳的軟體交付績效、組織績效與文化。

在微軟持續交付的益處

微軟工程部門是工程團隊感受到持續交付（continuous delivery）益處的一個範例。Thiago Almeida 是微軟的一位資深軟體開發工程師領導（Engineer Lead），在 Azure 團隊推動雲端運算、開源以及 DevOps 實踐。他談到持續交付實踐的額外益處，說道：「您可能認為所有的益處都往客戶方去，但甚至在您公司內部 …（也有好處）。」[1] 在 Bing 團隊實行這些持續交付的技術實踐與紀律之前，工程師回報工作／生活平衡的滿意度分數只有 38%。在實行這些技術實踐之後，這些分數躍升至 75%，落差簡直大相逕庭，這意味著技術人員在上班時間內比較能管理他們的專業責任，他們不用人工操作部署流程，而且能夠將工作壓力留在工作場域。

儘管部署折磨會表明：在您組織中軟體開發與交付並非是永續的，但是當開發與測試團隊不知部署為何物時也會令人憂心忡忡。若程式碼部署對您的團隊並不是那麼顯而易見－也就是說，若您問您的團隊軟體部署是怎麼回事，而得到的答案是：「我不知道耶 … 我從來沒想過！」－那麼這就是軟體交付績效可能低落的再一個警告，因為若開發者或測試人員沒有意識到部署流程，可能就是有一些阻礙將相關工作對他們隱藏了起來，而且這些對開發者隱藏部署工作的阻礙很少會是什麼好事，因為這些阻礙會將開發者隔絕於他們所從事工作的衍生（下游）後果之外。

常常有開發者，尤其是運維專業人員會問我們：「可以做什麼來緩解部署折磨，並改善專業人員的工作（情況）？」為了解答這個問題，我們在 2015、2016 及 2017 年將部署折磨納入研究中。根據我們自己的軟體開發及交付經驗，以及與從事系統相關工作的人物訪談，我們創設了一種量測，以捕捉程式碼部署後人們的感受。測量部署折磨到最後反而變得相對直截了當：我們詢問受訪者部署在其工作中是否為人所懼、惑亂顛覆；或者反過來問：部署是否容易且不折磨人。

註1　https://www.devopsdays.org/events/2016-london/program/thiago-almeida。

我們的研究顯示，改善關鍵技術能力會減少部署折磨：實作全面而詳盡的測試與部署自動化；運用持續整合，包括主幹開發（trunk-based development）；資安左移；有效管理測試資料；運用鬆散耦合的架構；可以獨立作業；以及運用版控系統管理所有事物（製品）來重現生產環境等，諸如此類都能減少團隊的部署折磨。

換言之，這種種技術實踐會改善我們快速並穩定地交付軟體之能力，也會降低伴隨推送程式碼到生產環境而來的壓力與焦慮。這些技術實踐於第 4 章及第 5 章已有概述。

統計分析也揭示：部署折磨與某些關鍵結果之間的高度相關。程式碼部署越折磨，IT 績效、組織績效及組織文化也就越差勁。

您的部署有多折磨？

若想知道團隊的狀況如何，只要問問您的團隊，部署有多折磨人，以及是哪些特定事物導致這種折磨就會得知。

尤其是若部署一定要在正常上班時間之外進行，那就是該好好面對架構問題的徵兆。這完全是有可能的－若有足夠資源挹注－去建構複雜、大規模的分散式系統（distributed system），這會顧及完全自動化的部署且不造成任何停機時間（zero downtime）。

根本上看，大多數部署問題是由複雜、脆弱的部署流程所致。這通常是由 3 種因素作用的結果。

1. 軟體於撰寫時，並沒有考慮到**可部署性**（deployability）。於此常見的症候是，當軟體期待其環境與依存性要以一種非常特定的方式設定好，因而需要複雜、精心策劃的部署，且絲毫不容許偏離這些期待，只給管理者少許有用資訊，知道什麼壞了及為何不能正確運作（這些特徵也代表分散式系統設計不良）。

2. 當手動變更一定要上到生產環境作為部署流程的一部份時，部署失敗的機率便會大幅上揚。手動變更很容易導致由打字、複製／貼上、或者粗劣抑或是過時的文件等所造成的錯誤。再者，由人工管理組態設定（configuration）的各種環境往往很大程度會彼此悖離（一種稱作「組態設定漂移」的問題），導致在部署時，運維人員要花費相當大的工夫去除錯，才能理解組態設定差異，有潛在可能做出更進一步的手動變更讓問題加劇。

3. 複雜的部署往往需要團隊間的多次交接，尤其在**穀倉化**（siloed，**譯註**：彼此孤立）的組織，其中資料庫管理者、網路管理者、系統管理者、資安、測試／QA、以及開發者都在不同團隊中作業。

　　為了減輕部署折磨，我們應該：

- 設計並建構那些可容易被部署到多種環境的系統、可以察覺並容忍其環境中的故障，並且能讓系統中各式各樣的組件獨立更新。

- 確保生產系統的狀態可由自動化的方式，從版控系統中的資訊被重現（reproduced）（除了生產環境資料）。

- 在應用程式及平台中內建智能，如此一來部署流程就可以盡量簡單。

　　為**平台即服務**（platform-as-a-service）所設計的應用程式，如：Heroku、Pivotal 的 Cloud Foundry、RedHat 的 OpenShift、Google Cloud 平台、亞馬遜雲端運算服務（AWS）、或微軟的 Azure，通常可以用單一指令就部署好 註2。

　　既然我們已經討論了部署折磨，而且涵蓋了一些緩解的策略，讓我們接著來看**過勞**（burnout）。若置之不理，部署折磨就會導致過勞。

註2　使此種流程成為可能的一種架構模式之例子，可以在 https://12factor.net 找到。

▌9.2 過勞

　　過勞是生理上、心理上或情緒上的疲累，由過度工作或壓力所導致－但不僅是被操過頭或壓力大而已。過勞會讓那些在工作或生活上，我們曾經熱愛的事物變得看似無足輕重且了無生趣。這通常會表現為無助感，並且與病態文化及無生產力、浪費虛耗的工作相關。

　　過勞的後果是巨大的－對個人及其團隊與組織而言都是這樣。研究顯示，壓力大的工作對身體健康的危害與二手煙（Goh 等人於 2015 年）還有肥胖（Chandola 等人於 2006 年）一樣糟。過勞的症狀包括感覺耗盡、憤世嫉俗、或者無用；在工作上只感到少許或沒有成就感；以及感覺工作負面地影響生活的其他面向。在一些極端的案例中，過勞會導致家庭問題、極度的臨床憂鬱、甚至自殺。

　　工作壓力也影響到雇主，葬送了美國經濟體一年三千億美金產值在病痛時間、長期失能、以及過度的工作離職率（Maslach 於 2014 年）。因此，雇主有責任照顧員工，並且有受託人責任（fiduciary obligation，請見以下譯註），確保人員不會有過勞傾向。

> **★譯註** 我國信託法第二十三條僅概括規定：「受託人因管理不當致信託財產發生損害或違反信託本旨處分信託財產時，委託人、受益人或其他受託人得請求以金錢賠償信託財產所受所害或回復原狀，並得請求減免報酬。」然而，受託人違反其義務的行為態樣有多種，應負的責任也不同，此一條文規定顯然不夠具體，有待學說和判決加以闡釋。

　　過勞是可以被預防或扭轉的，而且 DevOps 可以幫上忙。透過培養一個支持人的工作環境、確保工作是有意義的，並且確保員工理解他們自身的工作是如何與策略性目標結合，組織就可以修正那些會導致過勞的狀況。

如同其他步調快、高衝擊（high consequence）的工作，軟體與技術產業飽受員工過勞所苦。技術主管，如同許多其他善意的主管，通常會嘗試去修正人，卻忽略了工作環境，即使改變環境對長遠的成功來說是極其重要許多。想避免員工過勞的主管們，應該集中他們的注意力與精力於：

- 培養一個尊重彼此、支持人的工作環境，強調從失敗中學習而非指責推諉。

- 溝通一種強烈的人生意義（sense of purpose）。

- 投資在員工的栽培。

- 詢問員工到底是哪些事物阻礙他們無法達成其目標，然後修正那些事物。

- 給員工時間、空間與資源來實驗並學習。

最後但同樣重要的，員工一定要被授權去做那些會影響其工作的決策，尤其是那些他們要對其結果負責的領域。

9.2.1 會導致過勞的普遍問題

加州大學柏克萊分校的心理學教授，並且也是工作過勞議題的研究先驅 Christina Maslach，發現了 6 個能預示過勞的組織危險因子（risk factor）（Leiter 與 Maslach 於 2008 年）：[註3]

1. **工作過載**：工作要求超過人的極限。

2. **缺乏控制**：無力左右那些會影響您工作的決策。

註3　我們注意到文獻中也有其他的過勞模型；一個值得注意的範例是 Marie Asberg 的工作成果，她是瑞典卡羅琳學院（Karolinska Institutet）臨床科學系的資深教授。我們的研究專注在 Maslach 的成果。

3. **不充分的獎賞報酬**：財務上、體制上或社交上的獎勵不足。

4. **社群崩毀**：不支持人的工作場域環境。

5. **公平性蕩然無存**：決策過程中缺乏公平性。

6. **價值衝突**：組織價值與個人價值不匹配。

Maslach 發現大多數組織嘗試修正人而忽略了工作環境，即使她的研究顯示修正環境有較高的成功可能性。所有上開的危險因子，都是管理階層與組織有權能改變的事物。我們也引介讀者翻閱第 11 章，以詳關於領導統御與管理階層在 DevOps 中的重要性及深遠影響。

為了測量過勞，我們詢問受訪者：

- **他們是否過勞或耗竭了**。我們大多知道過勞是什麼感覺，而且我們常常為之耗竭。

- **他們是否感覺對工作冷漠或憤世嫉俗，或他們是否感覺無能為力**。過勞的經典標誌就是冷漠與憤世嫉俗（犬儒主義），還有感覺您的工作不再有助益或有效果。

- **他們的工作是否對他們的生活有負面影響**。當您的工作開始負面地衝擊到您工作以外的生活，過勞通常就已經開始了。

我們的研究發現：改善技術實踐（比如促進持續交付的那些）以及精益實踐（比如精益管理與精益產品管理中的那些），會減少我們調查受訪者的過勞感。

9.2.2 如何減少或戰勝過勞

我們自己的研究告訴我們，哪些組織因素是與高度過勞最強烈相關，並建議去何處尋找解法。5 個最高度相關的因素是：

1. **組織文化**。在有著病態型、權力導向文化的組織中，強烈的過勞感會隨之而來。主管們終究有責任去培養一個具支持人並且彼此尊重的工作環境，而且他們可以藉由創建一個沒有指責的環境、奮力從失敗中學習、以及溝通一種共同的人生意義來打造這樣的環境。主管們應該注意其他促成因子，並且記住人為疏失從來不是系統故障的根源。

2. **部署折磨**。那些一定要在正常工作時間以外進行的複雜、折磨人的部署，會導致高度壓力以及失控感[註4]。若有正確的實踐就緒，部署不必是折磨人的差事。主管與領導們應該詢問他們的團隊，看看他們的部署究竟有多折磨人，然後修正那些最傷人的事物。

3. **領導的效用**。團隊領導的責任包括限制流程中的工作，並且為團隊移除路障，因此他們可以做好自己的工作。不意外的是，那些有高效團隊領導的受訪者會回報較低水平的過勞。

4. **組織投資在 DevOps 上**。投資在發展其團隊技能的組織會有較好的結果。投資在訓練並提供人們必要的支持與資源（包括時間）以取得新技能，對 DevOps 的成功採行而言是至關重要的。

5. **組織績效**。我們的資料顯示，精益管理與持續交付實踐有助於改善軟體交付績效，接著回過頭來改善組織績效。精益管理的中心思想是給員工必要的時間與資源去改善他們的工作；這意味著創建一種可以支持實驗、失敗與學習的工作環境，並允許員工去做會影響其工作的決策；這

註4　請注意！部署後的折磨也是很重要而該留神的地方。破損的系統會在下班時間不斷傳呼（page）您的 on-call 值班人員，這很擾人而且是不健康的。

也意味著創造空間讓員工在週間工作日中去做新穎、創意、加值的工作－而不僅是期待他們奉獻下班後的額外時間。一個好的範例是 Google 的 20%時間政策，即公司允許員工花費週間工作日 20%的時間從事新專案；或是 IBM 的 THINK Friday 計畫，就是星期五下午是明定不許有會議，而且鼓勵員工從事新穎且扣人心弦的專案，即員工平時沒時間做的那些專案。

值得提的一點是，**價值校準**（values alignment）的重要性與其在戰勝過勞中的角色。當組織價值與個人價值沒有彼此校準，您比較有可能會看到員工過勞，尤其在艱鉅且高風險的工作（如：科技業）。我們已經司空見慣，而且這效應是不幸且氾濫的。

我們認為反面來看比較有希望而且行得通：當組織價值與個人價值彼此校準時，過勞的效應會減輕甚至被抵銷。例如，若有個人強烈重視環保志業，但組織卻排放廢棄物至鄰近河川，而且花錢遊說政府代表上下交相賊，長此以往，就會出現價值分裂。此人可能會更開心為一個高度奉獻給企業社會責任、投入綠化倡議的組織工作。這就是潛在有衝擊的領域，組織若忽視之將自取滅亡。藉著將組織價值與個人價值校準，員工過勞就可以減輕。試想這在員工滿意度、生產力與留任（retention）方面的影響，對組織與經濟體的潛在價值可是相當驚人的。

重要的是，請注意我們這邊所提到的組織價值是真實的、實際的、躬行實踐的組織價值，是員工切身感受到的。若員工所感受的組織價值與組織的官方價值－白紙黑字的使命聲明（mission statement）甚或標語－有出入，那真正算數的會是每天身體力行的價值（不只是口號）。若有價值不匹配的狀況－無論是員工與其組織間，或是組織聲明的價值與其實際價值間－過勞就會令人擔憂。當價值彼此校準，員工就會成長茁壯。

　　總而言之，我們的研究發現證據：技術與精益管理實踐能減輕過勞與部署折磨，這總結在圖 9.1 中。這些發現對技術組織有其嚴肅的意涵：投資技術不僅使我們的軟體開發與交付變得更好，也改善我們專業人員的工作生活。

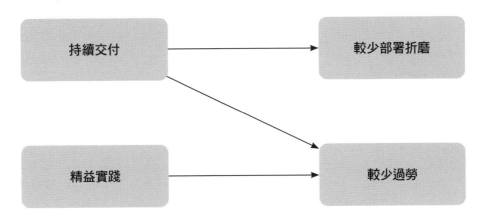

圖 9.1 技術與精益實踐對工作生活的深遠影響

　　我們已討論過組織文化的重要組成，以及改善與測量之的方式。現在我們會轉向認同感與員工滿意度諸般細節 – 還有這對技術轉型之意義為何。

MEMO

10

員工滿意、
認同與投入

人，是每次技術轉型的中心。有著得更快交付技術與解決方案的市場壓力，聘僱、留任與投入（engage）我們勞動力的重要性更甚往昔。每個好主管皆識見及此，但仍然缺乏相關資訊，不知如何測量這些結果與何者對之有深遠影響等等，尤其是在技術轉型的脈絡中。

我們想要將受採行 DevOps 所影響的人們納入我們的研究中－以知曉何者能改善其工作，以及這些改善對組織是否有深遠影響。我們的研究發現，員工的投入與滿意表明員工的忠誠與認同、有助於減少過勞，並且能驅動關鍵的組織成果，如：獲利能力、生產力與市佔。我們也會向您展示如何測量這些關鍵的員工要素（factor），讓您能於貴團隊中實行之－無論您是領導、主管或有關從業人員。

在本章中，我們會討論到員工忠誠度（就員工淨推薦值(Net Promoter Score, NPS)與認同所測量到的）與工作滿意度，然後以多元性的討論總結之。

10.1 員工忠誠度

為了在技術轉型與 DevOps 的脈絡中瞭解員工的積極參與度，我們透過一種廣泛使用的基準來檢視之，即淨推薦值（下文簡稱為 NPS）。

高績效組織有著較佳的員工忠誠度，正如員工 NPS（eNPS）所測量到的。我們的研究發現，相較之下，高績效組織的員工是更可能（2.2 倍）去推薦其組織為絕佳之工作環境，並且其他研究已顯示這與更好的業務成果相關（Azzarello 等人於 2012 年）。

10.1.1 測量NPS

NPS 是僅根據單一問題來計算的：您多可能會向朋友或同事推薦我們的公司／產品／服務？NPS 是以 0-10 的等級來評分，並且是如下歸類：

- 評 9 分或 10 分的人會被當作是促進者（promoter，**譯註**：亦即死忠支持者、粉絲）。促進者會為公司創造更大的價值，因為他們傾向選購更多、獲取或留住他們亦花費更少、持續更久、並且會產生好口碑。

- 評 7 分或 8 分者是所謂的順從（被動）者。順從者也滿意，不過就只是沒那麼熱情的顧客。他們比較不可能會推薦給他人，而且若有更好的取代者出現，他們較容易變節（defect）投靠。

- 評 0 至 6 分者是詆毀者（detractor）。獲取及留住詆毀者的代價更高昂，他們更快變節，而且他們的負面口碑對生意有害。

在我們的研究中，我們會問兩個問題來獲得員工 NPS：

1. 您會推薦您的**組織**給朋友或同事來一起工作嗎？

2. 您會推薦您的**團隊**給朋友或同事來一起工作嗎？

我們比較了促進者（就是那些評 9 分或 10 分的）所佔的比例，對比高績效組與低績效組後，發現高績效團隊的員工更可能（2.2 倍）推薦他們的組織給朋友，作為絕佳工作環境，並且更可能（1.8 倍）推薦他們的團隊給朋友。

這是個重大發現，因為研究已顯示：「有著高度積極參與員工的公司，對比那些低投入參與度的公司，可以產出 2.5 倍的營收；而且從 1997 年至 2011 年，有著高信任工作環境的〔上市〕股票公司，其表現優於市場指數 3 倍不止」（Azzarello 等人於 2012 年）。

員工的積極參與程度不只是一種感覺良好的指標－它也可實際驅動業務（生意）成果。我們發現員工 NPS 與下列**構念**（construct）大有關聯：

- 組織收集客戶回饋所到達的程度，並讓產品與功能設計借鑑之。

- 團隊將產品或功能經歷開發，一路到客戶端的流程視覺化且瞭若指掌的能力。

- 員工認同其組織價值與目標所到達的程度，以及他們為了使組織成功所願意投入的努力。

如我們在第 8 章所演示的，當員工看到所從事之工作與其對客戶的正面深遠影響間的關聯，他們會更認同公司的意圖（目的），進而引致更佳的軟體交付與組織績效。

NPS 釋疑

儘管這也許看似一種過份簡化的量測，已有研究顯示 NPS 與許多行業中公司的成長息息相關（Reichheld 於 2003 年）。與公司 NPS 類似，員工 NPS（eNPS）是用來測量員工忠誠度。

員工的忠誠度與其工作是有關係的：忠心的員工是最投入且全力以赴的，通常會加倍努力以兌現更好的用戶體驗－因此驅動了公司績效。

NPS 的計算，是從促進者百分比中減去詆毀者百分比而得。例如，若 40% 的員工是詆毀者，而只有 20% 是促進者，那麼淨推薦值就是 -20%。

▎10.2　改變組織文化與認同

人是組織最重大的資產－然而卻往往被當作是無足輕重的資源。當領導投入他們的人力，俾使這些人力能發揮極致，員工會更強烈認同其組織，並且願意加倍力來幫助組織成功；進而回報組織的，就是更高水準的績效與生產力，從而引致更好的業務（生意）成果。這些發現都揭示在圖 10.1 中。

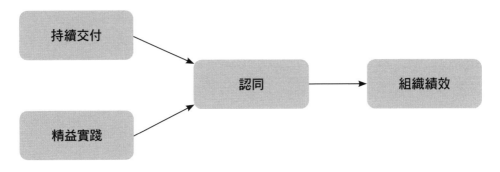

圖 10.1 技術與精益實踐對認同的深遠影響

　　有效的管理實踐結合技術門徑（approach），如持續交付，不只對績效有深遠影響，也會對組織文化有顯著的影響。隨著研究繼續，我們增加了一項新的量測：問卷調查受訪者認同其效力之組織所到的程度。為了測量該指標，我們詢問人們同意下列敘述到何種程度（由 Kankanhalli 等人於 2005 年發表的文獻改編而來）：

- 我很高興我選擇為此組織工作，而不是另一間公司。

- 我向朋友們談論到此組織時，都稱許其為值得效力的美好公司。

- 我願意付出超乎一般預期的大量努力，以幫助我的組織成功。

- 我發現我的價值觀與組織的價值觀非常相近。

- 一般來說，我的組織所聘僱的人都朝著相同目標努力。

- 我感覺我的組織在乎我。

　　我們運用了**李克特型式量表**，以測量受訪者對這些敘述的同意或不同意程度。這些項目滿足了測量一個構念（在此案例中，即：**認同**）的所有統計條件；因此，為測量在您自己團隊中的認同，您可以取這 6 個項目分數的平均，當作一個人的認同感。（請參見第 13 章以詳關於心理計量學與潛伏其間之構念的相關討論。）

我們在問這些問題時的關鍵假設是，實作持續交付實踐，並就產品開發採取實驗性方法的團隊會打造出更好的產品，而且會感到與組織其餘成員更同氣連枝。這回過頭來，就會創造一種良性循環：藉著臻至更高等級的軟體交付績效，我們加快了團隊可以驗證其想法的速率，創造了更高水準的工作滿意度與組織績效。

另一個關鍵點是，認同包括價值觀與團隊及組織目標保持一致。回顧上一章，導致過勞的關鍵因素之一，是個人與組織的價值觀不合。這告訴我們：藉著維持個人與組織價值觀一致，由之而生的認同感可以幫助減少過勞。因此，在持續交付與精益管理實踐方面的投資，會促成一種更強烈的認同感，很可能就有助於減輕過勞。再一次，這會創造一種良性循環：在業務（生意）中創造價值，其中對技術與流程的投資，會使得其間人們的工作狀況更好；就為我們的客戶與業務交付價值而言，這樣的投資是至關重要的。

對於很多公司仍在運作的方式，這會是強烈的對比：需求被幾度轉手交給開發團隊，然後他們就一定要成批交付一大堆的工作。在這種一貫的模式中，員工會感到對於他們所打造的產品沒什麼控制權，連帶無法控制所產出的客戶端結果，並且對其所效力的組織只感到少許連結。這對於團隊而言是極大的打擊，且會導致員工情緒上與其工作疏離－進而給組織招致更糟糕的後果。

人們認同其組織的程度，可以預示一種生機型、績效導向的文化，並且也預示了組織績效，正如生產力、市佔與獲利能力等方面所測量的，這不該讓我們感到意外。若人是公司最重大的資產－而且很多大公司領導宣稱的確如此－那麼讓員工強烈認同公司應該證實是一種有競爭力的優勢。

Adrian Cockcroft，網飛（Netflix）之奠基者暨雲端架構師，曾經被一位《財星》500 大公司的資深領導問道，他到底哪裡挖來這些令人驚艷的人

才？Cockcroft 答道：「我從你那裡挖來的！」（個人間私下溝通）。我們的分析是很明白的：在今日這個步調快且充滿競爭的世界，您為您的產品、公司以及大夥所能做最好的事，就是建立起一種實驗與學習的文化，並投資技術力與管理力俾能實驗學習。如第 3 章所示，一種健康的組織文化會促成聘僱與留任，而且最好的是，最有創新能力的公司都從這種文化中受益。

10.3 工作滿意度如何對組織績效造成深遠影響？

先前在討論軟體交付績效時，我們提到了良性循環，而且在此我們也看到它起作用：人們若感到被他們的雇主支持、有工具及資源做好他們的工作、並且感到他們的判斷是被重視的，結果就是他們會把工作做得更好。更好的工作成果導致更高的軟體交付績效，進而衍生更高水準的組織績效。我們在圖 10.2 中展示這些發現。

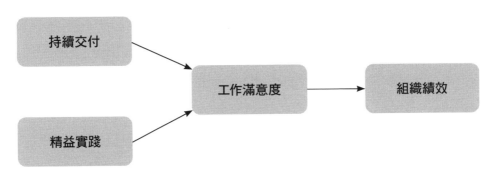

圖 10.2 技術與精益實踐對工作滿意度所造成之深遠影響

這種持續改進與學習的循環，就是讓成功的公司鶴立雞群的關鍵，俾能創新、超前競爭對手–而且贏得勝利。

10.3.1 DevOps 如何促成工作滿意度？

　　雖然 DevOps 中首要的是文化，重要的是注意到，工作滿意度高度仰賴工具與資源齊備以善其事。事實上，我們計量工作滿意度的標準端看某些關鍵事物：您是否對工作滿意、您是否被賦予工具及資源從事工作、以及您的工作是否讓您的技巧與能力充分發揮。把這些標準大聲說出來是很重要的，因為這些事物之綜合（缺一不可），就是讓工作滿意度能影響如是深遠的原因。

　　工具是 DevOps 實踐的重要組成，而且其中的許多工具讓自動化成為可能。再者，我們發現：好的 DevOps 技術實踐可以預示工作滿意度。自動化很重要，因為它讓電腦去做電腦在行的事－機械式重複的工作，不需要思考，而且事實上當您不過慮之反而會做得更好。既然人類這麼不在行這種苦差事，讓電腦代勞可以讓人們去專注在他們在行的事：權衡證據、思考問題、以及決策。能夠將個人的判斷與經驗應用在饒富挑戰的問題上，很大程度上會讓人們對其工作滿意。

　　端詳與工作滿意度高度相關的這些量測，我們看到一些共通性。一些實踐，如：積極主動的監控與測試及部署自動化等，都會將枯燥乏味的任務自動化，而且有賴於人們根據回饋迴路（feedback loop）來下決定。與其管理任務，取而代之的是人們可以做決定、利用其技能、經驗與判斷力。

▌**10.4 科技界中的多元性－我們研究之發現**

多元性（diversity）舉足輕重，研究顯示，更具多元性的團隊（關乎性別或缺乏充分代表的少數族群之多元性）是比較聰明機靈的（Rock 與 Grant 於 2016 年），能達成更好的團隊績效（Deloitte，即勤業眾信聯合會計師事務所於 2013 年），而且也可以達到更好的業務成果（Hunt 等人於 2015 年）。我們的研究顯示，僅有少數團隊在這方面是多元的。我們建議那些想要達成高績效的團隊，盡其所能地去招募並留任更多的女性，以及缺乏充分代表的少數族群，並且在其他領域（例如：殘疾人士）也努力改善多元性。

也很重要的是，請注意僅有多元性是不夠的，團隊與組織也必須要兼容並蓄。一個兼容並蓄的組織是讓「所有組織成員都感到受歡迎且真心被接納，並因為他們『所帶來的助益』而受到重視。所有的利害關係人都有同樣的高度歸屬感，也相互滿足彼此共同的目的」(Smith 與 Lindsay 於 2014 的著作，第 1 頁)。為了多元性能生根，兼容並蓄的文化一定要存在。

10.4.1 DevOps 中的女性

在 2015 年我們開始詢問有關性別的問題，進而激起了一些在社群媒體上熱烈的討論，主題是科技界的女性。我們聽聞一切：從 DevOps 社群中男男女女全心全意的支持，以至於問道為何在科技界性別多元性很重要。於所有的受訪者中，在 2015 年有 5% 自承為女性、在 2016 年有 6%、而在 2017 年有 6.5%。這些數字比我們預期的低很多；有鑒於 2011 年的系統管理從業人員中，女性約佔 7%（SAGE 於 2012 年），從 2008 年的 13% 降及此（SAGE 於 2008 年），以及在電腦與資訊管理從業人員中，女性佔了 27%（Diaz 與 King 於 2013 年），我們希望找到更多女性在技術團隊工作的相關數字以使人安心。

在這些問卷調查受訪者中：

- 33% 回報所效力的團隊中沒有女性。

- 56% 回報所效力的團隊中僅有少於 10% 的女性。

- 81% 回報所效力的團隊中的女性少於 25%。

我們從二元性別著手研究，因為這讓我們可以跟現存的研究結果做比較。我們希望未來能將研究擴展至非二元性別。至少如今，我們可以報告在 2017 年研究中有回報性別的基本統計資料（亦見圖 10.3）：

- 91% 為男性

- 6% 為女性

- 3% 為非二元性別或其他

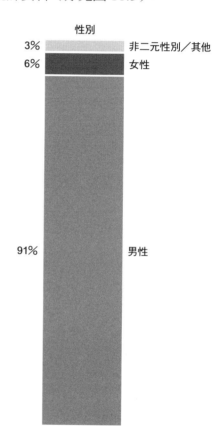

圖 10.3 在 2017 年研究中的
性別人口統計資料

10.4.2 DevOps 中缺乏充分代表的少數族群

我們也詢問受訪者，是否確定自己是缺乏充分代表的少數族群（亦見圖10.4）。

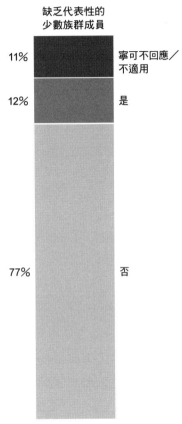

缺乏代表性的
少數族群成員

- 77% 回答「否」，我不認為自己是缺乏充分代表性的少數族群。

- 12% 回答「是」，我認為自己是缺乏充分代表的少數族群。

- 11% 回答他們寧可不回應或不適用。

11%　寧可不回應／不適用

12%　是

77%　否

圖 10.4 在 2017 年的研究中，缺乏充分代表的少數族群人口統計資料

因為這些資料是從世界各地收集來的，這種自我認定是盡我們所能地明確。例如，美國將幾個種族及國籍識別且定義為少數群體（如非裔美國人、西班牙裔、太平洋島原住民等），而這樣的辨識碼（identifier）在世界各地的其他國家可能就不存在或不具意義。

我們尚未擴展我們的研究到殘疾人士族群，但我們希望將來可以。

10.4.3 其他關於多元性研究的發現

大多數針對多元性的研究會考量二元性別，所以讓我們從此處開始。當前研究能告訴我們什麼？有大量的研究將女性領導階層的存在與更高的財務績效（McGregor 於 2014 年）、股市績效（Covert 於 2014 年 7 月）以及對沖基金收益（Covert 於 2014 年一月）等關聯在一起。再者，由 Anita Woolley 與 Thomas W.Malone 所進行的研究測量團體智力（group intelligence），並發現有更多女性的團隊傾向落在平均的集體智力水準之上（Woolley 與 Malone 於 2011 年）。儘管有這些明顯的優勢，在科技領域的組織仍舊未能招募並留任女性。

既然就 STEM（科學、技術、工程與數學）等領域的能力與資質而言，男性與女性之間沒有顯著的差異（Leslie 等人於 2015 年），那麼究竟是什麼緣故，將女性與其他缺乏充分代表的少數族群排擠在科技界外？註1 答案可能只是普遍存在的看法：有些男性自然就比較適合技術工作，因為他們天生聰慧（Leslie 等人於 2015 年）。

就是如此隨處可見的看法滲入我們的文化，創造了一種對女性來說益發難以留任的環境（Snyder 於 2014 年）。女性離開科技業的比率比男性高了 45%（Quora 於 2017 年），而且對於少數民族來說前景一樣黯淡。女性與缺乏充分代表的少數族群舉報騷擾、微冒犯（microaggression，**譯註**：指不同種族或文化的人在互動時，不經意所犯下的挑釁或排擠）、以及同工不同酬（如 Mundy 於 2017 年）。這些都是作為領導與同儕的我們應該拔刀相助之處，止於至善。

註1　請注意 Leslie 等人的研究只調查了女性與非裔美國人，但是這些發現很可能可以概括到其他缺乏充分代表的少數族群。

10.4.4 我們可以做什麼

確定多元性的優先次序，並促成兼容並蓄的環境操之在我們全部之手。這對您的團隊及業務（生意）都是好的，在此有一些資源可以幫助您著手開始：

- Anita Borg 學院有絕佳的工具，可促進女性在科技業的發展。其中，包括了 Grace Hopper 大會（conference）。雖然有其問題，但對許多女性而言，能夠參加一個全部或大多數是女性的技術大會，仍是種促進自我實現的體驗。單在 2017 年，就召集了超過 18,000 位女性。[註2]

- Geek Feminism（怪胎女性主義）是很棒的線上資源，支持鼓勵怪胎社群中的女性。[註3]

- Project Include（兼容並蓄專案）是極好的資源，鼓勵環繞數個軸心的多元性，全都是線上且開源[註4]。

註2　https://anitab.org/。

註3　http://geekfeminism.wikia.com/wiki/Geek_Feminism_Wiki。

註4　http://projectinclude.org/。

MEMO

11

領導與主管

經年來，我們的研究已經訪查各種不同的技術與精益（Lean）管理實踐對軟體交付效能，還有團隊文化的影響。然而，在本專案的早期，我們尚未直接研究過領導統御對 DevOps 實踐的種種影響。

本章會展示我們的種種發現，包括領導與主管們在技術轉型中所扮演的角色，以及勾勒出一些領導們可以採取的步驟，以改善他們自己團隊的文化。

▌11.1 轉型統御轉型

不確定到底技術領導統御（technology leadership）有多重要嗎？試想：在 2020 年以前，尚未轉型其團隊能力的的 CIO 們，會有半數將被其組織的數位領導團隊（取代）而遷離現職（Gartner）。

那是因為領導統御的確對於成果（結果）有強力而深遠的影響。當一位領導，不僅意味著在組織圖（organizational chart）上會有人回報給您－領導統御是關於您該怎麼啟發且激勵在您身邊的人。一位好的領導會影響團隊在交付程式上、設計良好系統架構上、以及在將精益原則應用在團隊如何管理其工作與開發產品上的種種能力。這一切都對組織的獲利能力、生產力與市佔有顯著的深遠影響，而這些也影響了客戶滿意度、效率、以及達成組織目標的能力－對營利與非營利組織而言同等重要的非商業目標。然而，這些對組織目標與非商業目標的影響都是間接的，是透過領導們在其團隊中所支持的技術與精益實踐而來。

我們的淺見是，技術領導統御在技術轉型中扮演的角色，一直以來在 DevOps 中都是那些較為人們所忽略的主題之一，儘管事實上轉型（原文有更正，請見下頁之譯註）的領導統御對下列幾點是不可或缺的：

- 建立並支持生機型（generative）及高度信任的文化準則。

- 創造技術俾能提升開發者生產力、減少程式部署前置時間，及挹注更可靠的基礎設施。

- 鼓勵團隊實驗與創新，並更快地創造且實作更好的產品。

- 跨組織榖倉（silo）作業以達成策略聯盟。

> ★譯註 已與作者確認過，應如序言更正，因為取轉型義：即體制上重要且持久的改變式革新，故此處應作 transformative 而非 transformational，transformative 才是轉型，transformational 則是數學或語言上的形式轉換，而非變革之轉型義。本節標題也應更正，以及本章其餘意指轉型的措辭皆應更正。

不幸地，在 DevOps 社群中我們有時候會以中傷（誹謗）領導見罪－例如，當團隊得做出必要改變以改善軟體交付與組織績效，而中階主管們或保守分子卻百般阻撓的時候。

迄今，我們聽到最司空見慣的問題是：「我們怎麼讓領導共襄盛舉，故而我們能做出必要的改變？」我們都認識到：積極參與的領導統御對成功的 DevOps 轉型而言是至關重要的。領導們握有實權與經費，可以引領大規模變動，這通常也是有需要的，以營造一種氣氛，益於進行中之轉型，並且去改變整個技術專家團隊的激勵措施－無論他們是開發、QA、運維或資安領域。領導們就是為組織定調，且深化所渴望的文化準則的一群人。

為刻畫領導統御轉型，我們運用了一種包括 5 個層面（Rafferty 與 Griffin 於 2004 年）的模型。根據該模型，5 種轉型期領導的特徵是：

1. **眼光**。對於組織未來五年內的發展方向與目標有清楚的瞭解。

2. **啟發性溝通**。以一種啟發並激勵的方式溝通,即使處在一個充滿不確定或變動的環境中。

3. **腦力激盪**。挑戰追隨者以新方式思考問題。

4. **支持人的領導統御**。對追隨者的個人感受與需求展現關愛體貼。

5. **個人表彰**。讚美並認可工作品質的改善與成就;當他人做了了不起的工作時,親自讚揚他們。

何謂領導統御轉型?

領導統御轉型意味著領導們藉由訴諸追隨者的價值觀與人生意義、促進大規模組織變動,以臻至更高的績效。這樣的領導們會透過其眼光、價值觀、溝通、身先士卒的態度、以及顯而易見關切其追隨者的個人需求,去鼓勵其團隊朝向一個共同的目標努力。

如今已觀察到在服務型(類似公僕甚或僕人)領導統御與轉型(促使組織轉型甚至顛覆組織)領導統御有其相似處,但相異之處是在領導的焦點。服務型領導專注在其追隨者的發展與績效,而轉型的領導則專注在讓追隨者認同組織,並積極參與支持組織目標。

在我們的研究中也選擇了轉型的領導統御作為範型,因為這比較能在其他脈絡中前瞻績效成果,並且我們有興趣瞭解在科技業中如何改善績效。

我們運用了自 Rafferty 與 Griffin(2004 年)[註1]改編的問卷來測量轉型的領導統御:

註1　我們的分析確認,這些問題對轉型的領導統御而言是良好的度量(衡量)。請見第 13 章以詳關於潛在構念(latent construct)的討論,且見附錄 C 以詳所運用的統計方法。

我的領導或主管：

● （眼光）

  ● 對我們何去何從有清楚的瞭解。

  ● 對他／她想要我們團隊在五年內發展到何種地步有清楚的認知。

  ● 對組織的發展方向有清楚的想法。

● （啟發性溝通）

  ● 所說的事物讓員工以參與組織為榮。

  ● 訴說關於所處部門的正向事物。

  ● 鼓勵人們將變動的環境視為充滿機會的情勢。

● （腦力激盪）

  ● 挑戰我以新方式思考舊問題。

  ● 有些想法，會強迫我去重新思考一些以前從未質疑過的事物。

  ● 挑戰我重新思考關於我工作的一些基本假定（臆斷）。

● （支持人的領導力）

  ● 在行動前會考量到我的個人感受。

  ● 對於我個人的需求是呵護備至的。

  ● 確保員工的利益被給予應有的考量。

- （個人表彰）

  - 當我表現不俗會讚揚我。

  - 會認可我在工作品質上的改善。

  - 當我表現卓越時會親自讚揚我。

我們的分析發現，這些轉型的領導統御之特徵，是與軟體交付績效高度相關的。另外，我們觀察到高績效、中績效與低績效團隊之間，彼此的領導統御特徵是有顯著差異的。高績效團隊回報其領導具有橫跨所有層面最穩健（大器）的行為：眼光（眼界）、啟發性溝通、腦力激盪、支持人的領導力與個人表彰；對比來看，低績效團隊回報道這些領導統御特徵都只有最低水準，而這些差異全都在統計上顯著的水平之上。當我們將分析更推進一步，我們發現最無法轉型的領導統御是大大地更不可能是高績效者。具體來說，回報其領導統御實力是在底部三分之一的團隊，只有一半的機會能成為高績效者。這就證實了我們普遍的經驗：儘管我們聽說過從草根階級而起的 DevOps 與技術轉型的成功故事，不過一旦您有了領導階層的支持，成功起來還是大大容易許多。

我們也發現，轉型的（顛覆性）領導統御與員工淨推薦值（Net Promoter Score，NPS）有高度相關。我們發現在員工快樂、忠心、主動積極的所在，都會發現轉型領導們的存在。雖然我們的研究不包括同一年內轉型的領導統御與組織文化，但其他的研究已經發現，穩健（strong）的轉型領導會打造並支持健康的團隊與組織文化（Rafferty 與 Griffin 於 2004 年）。

一個轉型領導的影響，透過對其團隊工作的支持可見一斑，無論是在技術實踐上或產品管理能力上的支持。正面（或負面）領導統御的影響會一路走到軟體交付績效與組織績效，我們將於圖 11.1 展示之。

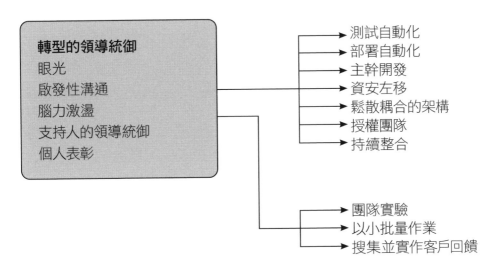

圖 11.1 轉型的領導統御對技術與精益能力的深遠影響

換句話說，我們發現單就領導們是無法達成高遠的 DevOps 成果，端看具有最穩健轉型領導的團隊績效－即那些有頂端 10%轉型的領導統御特質的團隊。也許有人覺得這些團隊應該會有優於平均的績效表現，然而，與問卷調查結果所代表的所有團隊相較，這些團隊成為高績效者的機會其實差不多，甚至更低。

這其實說的通，因為**領導無法獨自達成目標**，需要他們的團隊在合適架構上執行工作、具備良好的技術實踐、運用精益原則，以及經年來我們研究過的其他所有因子。

總而言之，我們發現領導統御有助於打造偉大團隊、偉大技術與偉大組織－但間接地，領導統御俾使團隊能重新架構其系統，並實作必要的持續交付與精益管理實踐。

轉型的領導統御可以使那些與高績效相關的實踐成為可能，並且也支持有效的溝通與團隊成員間的協作，一同追求組織目標。如此的領導統御也提供基礎，可以建立一種文化，於其間持續實驗與學習會成為人人的工作日常。

轉型的領導之行為因此提升、而且使我們研究所發現的價值、流程與實踐成為可能。這並非有別於昔之行為或一組新的實踐－不過是增強技術與組織實踐的效用，而這些也是我們經年來的研究重點。

11.2 主管的角色

我們看見，在任何的技術轉型中，領導們都扮演了至關重要的角色。當這些領導們是主管時，他們可能在影響變革中有著更重大的角色。

主管的責任在人，且通常還有預算與資源。最佳狀況下，主管也是領導，並且肩負稍早勾勒出那些轉型的領導統御之種種特徵。

在銜接業務的策略目標與其團隊工作之間，主管尤其扮演著關鍵角色。藉由創造一種讓員工感到安全的工作環境、投資於發展人的能力、以及掃除工作上的障礙，主管們在改善其團隊績效上可著墨之處甚多。

我們也發現在 DevOps 的投資與軟體交付績效高度相關。當涉及文化時，藉由在其團隊中付諸特定 DevOps 實踐，以及藉由高調地投資在DevOps 中與其員工的專業發展，主管們是能改善一些情況的。

主管們也可藉由採取措施讓部署不是那麼折磨，促成在軟體交付績效中大大的改善。最後但同樣重要的是，主管應該讓指標更顯眼，而且要煞費苦心來將這些指標與組織目標校準，並應該更加授權給員工。知識就是力量，而您應該賦權給那些具備知識的人。

您可能會捫心自問：挹注 DevOps 倡議以及投資我的團隊會是怎麼回事？其實有數種方式讓技術領導可以投資其團隊：

- 確保組織中的每個人可以取用現有的資源，並創造空間與機會以供學習與改進。

- 設立專門的訓練預算，且確保大家都知悉；再者，讓您的員工自由去選擇他們有興趣的訓練。這種訓練預算可能包括白天上班時專用時間，以利用組織中已有的資源。

- 鼓勵員工參加技術研討會，至少一年一次，並且為整個團隊總結所學。

- 設立內部黑客日（hack day，也有人稱作創意日），屆時跨職能團隊（cross-functional team）可以聚在一起合作一個專案。

- 鼓勵團隊內部的瞎忙日（yak days，如下譯註），屆時大家可以聚在一起對付技術債（technical debt）。這些都是很棒的活動，因為技術債鮮少被排定優先順序。

- 定期舉行內部 DevOps 小研討會。我們看過組織運用經典的 DevOpsDays 格式而獲致成功，這格式結合了預先準備的演說與「開放空間」，讓參與者可以自行組織以提案或是促進自己的議程。

- 給予員工專用的時間，比如 20% 或是某發布（release）之後的數天，以實驗新工具與技術，並分配預算與基礎設施給特殊的專案。

> **★譯註** 美國典故，就是剃犛牛毛，代表落在自己與重要任務間的眾多瑣碎任務與小事，看似輕鬆但非常耗時，甚至無限上綱，有經驗的工程師會停下來想想怎麼做省事，繞過那些有時讓人發毛的小事，但有些是沒辦法的，比如購買工具、安裝、確認授權等等，甚至法務、人資、內部訓練等看似無關的瑣事。

11.3 可以改善文化並支持您團隊的些許指點

當一個領導的真正價值是反映在他們如何增強其團隊的工作（進程暨成果）時，也許他們所能做到最有價值的工作會是：在他們所服事的實體（就是他們的團隊）之間培育及支持一種穩健的組織文化。這讓與其合作或效力的專家們能夠以最大化的效用運作，為組織創造價值。

在本節中，我們會條列一些簡易的方式，讓主管們、團隊領導、甚至積極參與的從業人員能在其團隊中支持這樣的文化。我們的研究顯示：有 3 件事物與軟體交付績效高度相關，並且促成了一種強健的團隊文化：即跨職能協作、學習風氣、以及工具。

藉以下幾點可將跨職能協作付諸實踐：

- **與您在其他團隊的對應人員建立信任**。在團隊間建立信任感是您所能做最重要的事，而且一定要慢慢來。信任是建立在重然諾、開放式溝通、和即使處在緊張的情勢下也如預期行動令行禁止。您的團隊將會能更有效地運作，而且這樣的關係會釋放一種訊號給組織：跨職能協作是被重視的。

- **鼓勵從業人員在部門間輪調**。隨著管理員或工程師發展他們的技能時，可能會發現他們對不同部門的職位有興趣。這種橫向調動可能對兩造團隊都極其有價值。從業人員會帶著關於流程與挑戰的寶貴資訊到他們的新團隊，而當舊團隊的成員來接洽協作，就自然有熟悉的合作窗口。

- **積極地尋求、鼓勵並獎勵促進協作的工作**。確保成功是可以複製（再現）的，並留意那些讓協作更順利的潛在因子。

利用災難復原測試演練來發展關係

很多大型科技公司會進行災難復原測試演練（disaster recovery testing exercise），或所謂的「交流賽」（Game Day），其間會根據預先準備好的計畫，模擬（或真的）故障停機，而團隊必須合作以維護或恢復服務水準。

Google 的雲端運維總監 Kripa Krishnan 經營一個團隊，他們會計畫並執行這些演練。她回報道：「為了 DiRT（Disaster Recovery Testing，**譯註**：Google 特有的災難復原測試）風格的活動成功，組織首先需要接受系統與流程故障是一種學習的方法... 來自不同團體的工程師，一般不會合作，而我們會設計種種測試讓他們彼此互動，如此一來，一旦大規模災難掩襲，這些人就已經有強健而有效（管用）的關係」（ACMQueue 於 2012 年）。

藉以下幾點可協助營造一種學習風氣：

- **創設一種訓練預算並在內部提倡之**。藉著在正規教育機會背後置放資源，強調組織有多珍視學習的風氣。

- **確保您的團隊有資源積極參與非正規學習，並有空間探索新構想**。學習通常發生在正規教育之外。有些公司，如 3M 與 Google，已廣為人知會分一部分時間（各為 15% 與 20%）出來，給目標明確的自由思考及探索業餘專案。

- **讓試誤是安全的**。若失敗會被懲罰，那麼人們就不願嘗試新事物。把失敗當作是學習的契機，並舉行不咎責的事後檢討（blameless postmortem，**譯註**：請詳另書 Google 的《網站可靠性工作手冊》），以搞清楚如何改善流程與系統。這些都會讓人們對冒（合理的）風險感到自在，並幫助創建一種創新文化。

- **創造機會與空間以分享資訊**。無論您是創設每週的快閃演講（lightning talk，**譯註**：亦作閃電秀），還是提供資源給每月一次的午餐交流會（lunch-and-learn，**譯註**：一種邊吃邊學，氣氛輕鬆的交流會，也許會

擦出不一樣的火花，因為這樣的學習沒有壓力），都要設立一個規律的機會節奏（cadence of opportunities，**譯註**：如跳恰恰或探戈一樣，一開始大家會矜持，有點放不開，需要給他們一些安全感讓他們一直嘗試，最後找到自己的節奏 click，重點是全員參與），讓員工分享他們的知識。

- **藉著演示日（demo days）與論壇來鼓勵分享與創新**。這會讓團隊分享彼此的創作，也讓團隊能慶祝他們的工作成果並互相學習。

藉以下幾點來有效運用工具：

- **確保您的團隊可以選擇他們的工具**。除非有好理由不這麼做，否則從業人員應該選擇他們自己的工具。若他們可以任意建造基礎設施與應用，他們會比較投入其工作。這是有資料證實的：工作滿意度的一個重大促成因素，在於員工是否感覺他們有工具與資源去從事他們的工作（請見第 10 章）。在我們的資料中也看到持續交付的預示因素：被授權選擇其工具的團隊會驅動軟體交付績效（請見第 5 章）。若您的組織一定要將工具標準化，請確保採購與財務是根據團隊的利益行動，而非反其道而行。

- **讓監控成為當務之急**。完善您的基礎設施與應用監控系統，並確保您在搜集正確的服務資訊，且妥善運用那些資訊。這種由有效監控產生的可見度與透明度是無價的。在我們的調查中，「積極主動的監控」與「績效及工作滿意度」高度相關，並且這也是強健技術基礎的關鍵部分（請見第 7 章與第 10 章）。

儘管許多 DevOps 的成功故事，強調涉及技術團隊那極好的草根（grassroots，**譯註**：平常人做的平常事）工夫，但我們的經驗與研究顯示，技術轉型會從真正積極參與轉型的領導們得益，因為他們可以支持並放大其團隊工作成果。這樣的支持會順利實現為業務（生意）交付價值，因此組織應該放聰明點，將領導統御發展看作是對其團隊、其技術與其產品的投資。

第二篇

研究

為了核實我們第一篇所呈現的,我們必須要超越案例研究與故事,走進嚴謹的研究方法中。這讓我們能找出哪些實踐構成最強大的成功預示因子,無論其所在組織、規模及行業。

在本書的第一篇中,我們討論了本研究計畫的結果,並勾勒出為何就如今的所有組織而言,技術是關鍵的價值驅動者及分水嶺。現在,讓我們呈現第一篇中研究發現背後的科學。

12

本書背後的科學

日復一日，我們的新聞動態充斥著這些策略，設計來讓我們的生活更便利、讓我們更快樂、而且幫助我們接管這個世界。我們也聽到一些故事，關於團隊與組織如何利用不同的策略，以轉型其技術並在市場中獲勝。但，要怎麼知道是我們採取的哪些行動，恰好與我們觀察到的環境變遷有相關，還有哪些行動驅動了這些變遷？這就是嚴謹的**初級研究**（primary research，**譯註**：或稱初始研究、初探研究）派上用場的地方。但究竟何謂「嚴謹」？何謂「初級」？

12.1 初級與次級研究

研究廣泛分為兩類：初級與次級研究，這兩類之間的關鍵差異是：誰收集資料。次級研究利用其他人收集到的資料。您可能熟悉的次級研究範例就是，我們在學校或大學時期都曾完成過的讀書或研究報告：我們收集現存的資訊，總結之，然後就所發現（但願能）補充自己的洞見。常見的範例也包括案例研究（case study）與一些市場研究報告。次級研究報告也許有些價值，尤其是當現存資料很難發掘、總結特別有洞察力，抑或報告是定期交付的。次級研究一般來說比較快，而且做起來比較不那麼昂貴，但這資料也許不那麼適合研究團隊，因為這些資料會被現存的任何資料所侷限。

相比之下，初級研究牽涉到研究團隊去收集新資料；初級研究的範例包括美國人口普查。研究團隊每十年會收集新資料，以彙報全國人口統計現況。初級研究很有價值，因為它能彙報尚未知曉的資訊，並提供不見於現存資料集中的洞見。初級研究給予研究者更多控制力，控管他們能對付的問題，雖然一般來說這樣進行起來代價更高昂並費時，而本書與 DevOps 境況報告就是根據初級研究成之。

▌12.2 定性與定量研究

　　研究可以是**定性**（qualitative）或**定量**（quantitative）的。定性研究就是任何一種資料不是**數值格式**的研究，這會包括訪談、部落格文章、推特文章、長篇記錄資料、以及從民族（人種）誌學者而來的長篇觀察資料。很多人假設問卷調查研究（survey research）是定性的，因為這不從電腦系統而來，但那不一定是對的；這端賴調查中所問的問題種類。定性資料非常具有描述性，而且為研究者留餘地，使其能發現更多洞見或發展初期的行為，尤其是在複雜或新興領域。然而，這種資料分析起來通常更加艱難且所費不貲；欲以自動化方法來分析定性資料的工事，通常會將它們編纂成數值格式，使之成為定量資料。

　　定量研究就是任何一種會囊括數字資料的研究，這會包括**系統資料**（數值格式）或**貯藏資料**（stock data）。系統資料就是任何由我們的工具所產生的資料，**記錄資料**（log data）就是一個例子。這也會包括問卷調查資料，如果問卷調查中問的是那些會將回覆表現為數值格式的問題–最好是一種量表（scale）。本書所呈現的研究是定量的，因為其是用李克特型式（Likert-type）的問卷調查方式所收集。

何謂李克特型式量表？

　　李克特型式量表（Likert-type scale）會以數字形式記錄回覆。例如「非常不同意」會賦值為 1，中性賦值為 4，而「非常同意」賦值為 7。這樣就能予所有研究主題以一致的測量方式，並為研究者在其分析上提供數值基礎。

12.3 分析類型

定量研究讓我們得以進行統計資料分析（statistical data analysis）。根據約翰霍普金斯大學彭博公共衛生學院（Johns Hopkins Bloomberg School of Public Health）Jeffrey Leek 博士提出的框架（Leek 於 2013 年），共有 6 種類型的資料分析（如下所示，依**複雜度**遞增）。該複雜度是基於資料科學家所需的知識、分析涉及的花費、以及進行分析所需的時間。這些分析的層次為：

1. 描述性（Descriptive）

2. 探索性（Exploratory）

3. 推斷（預測）性（Inferential predictive）

4. 預測性（Predictive）

5. 因果性（Causal）

6. 機理（械）性（Mechanistic）

本書所呈現的分析落在 Leek 博士框架中的前 3 類。我們也描述了一種額外的分析類型：**分類性**（classification），不過它與上述框架有點格格不入。

12.3.1 描述性分析

描述性分析（Descriptive analysis）是用在人口普查報告中，總結資料然後彙報之－也就是，描述之。這種分析需要最少的工事，並且通常作為資料分析的初步，以幫助研究團隊瞭解其資料集（且延伸至他們的使用者樣本或者是母體）。在某些情況下，報告會在描述性分析打住，就如人口普查報告的案例一樣。

何謂母體與樣本？還有為何它們很重要？

當談到統計與資料分析時，「母體」（population）與「樣本」（sample）這兩個術語有其特殊涵義。母體是您有興趣研究事物的整個群體；這也許是經歷技術轉型的所有人、每個在某組織中擔任網站可靠性工程師的人、或甚至是在特定時段內某記錄檔的每行記錄。樣本是從母體中小心翼翼定義並選定的一部份，這樣本就是研究者在其上進行分析的資料集。當整個母體太龐大或對研究而言不是那麼容易獲取（可得）時，採樣（sampling）就是必要手段。謹小慎微且恰當的採樣方法可是舉足輕重的，能確保從分析樣本獲得之結論如實反映母體（不偏不倚，切中肯綮）。

描述性分析最常見的範例就是政府人口普查，總結並彙報人口統計資料，其他範例包括大多數供應商（vendor）及分析師的報告，會收集資料並彙報總結與統計彙整：關於在某業界的工具使用狀態，或是技術從業人員的教育與認證水平。據 Forrester 報告，那些已開始其敏捷或 DevOps 旅程的公司所佔百分比（Klavens 等人於 2017 年）、IDC 關於平均停機時間耗費的報告（Elliot 於 2014 年）、以及 O'Reilly 資料科學薪資問卷調查（King 與 Magoulas 於 2016 年）等，都屬於描述性這一類。

這些報告作為業界當前境況的計量（gauge，**譯註**：如儀表指針一樣）非常有用。所謂業界境況就是參考群（reference groups，如母體或行業）目前所在，以及何去（未來潮流指向）何從（過去歷史）。然而，描述性調研發現的侷限，就在其潛在的研究設計與資料收集方法。任何試圖代表潛在母體的報告，都要確保其小心採樣該母體，並且探討任何局限。這些考量的探討超出本書的範圍，故從略。

本書中可見的一個描述性分析範例，是關於問卷調查參與者與其所效力組織的人口統計資訊－他們來自哪些國家、組織有多大、所從事的行業、職稱與他們的性別（請見第 10 章）。

12.3.2 探索性分析

探索性分析（Exploratory analysis）是統計分析的更上層。它屬於一種廣泛的分類，意在尋找資料之間的關係，並可能囊括一些視覺化（visualization）呈現以找出資料中的模式（pattern）。**離群值**（outlier）可能會在此步驟被察覺到，不過研究者得小心翼翼確保這些離群值真的的確是離群（異常）值，而非群體中正常的一份子。

探索性分析是研究過程中有趣且扣人心弦的部分。對那些**發散性思想家**（divergent thinker）而言，這通常是新想法、新假設以及新研究計畫生成與提出的階段。於此間，我們發現資料的變數彼此相關，而我們也尋找可能的新連結與關聯。然而，對於那些想表態聲明其間預測與因果的團隊而言，這不應該是旅程的盡頭。

很多人聽過這種說法：「關聯並不代表因果」，但這究竟是何意謂？在探索性階段所做的分析包括關聯性，但不包括因果性。關聯性端看兩個變數有多麼緊密連動－或不連動－但這並沒有告訴我們，是否一個變數的變動能預測、或導致另一個變數的變動。關聯分析只告訴我們是否兩個變數串聯變動（move in tandem）或恰恰相反：這並不會告訴我們何故或何事致之。兩個變數一起變動，很可能是因為某第三個變數，而有時候僅是巧合。

大家可以在 **Spurious Correlations 網站**[註1]上，發現一組好極且有趣的例子，旨在強調由於巧合的高關聯性。作者 Tyler Vigen 計算了高度相關變數的範例，而常識卻告訴我們這些變數不具預測性，且肯定不具因果性。例如，他展示（圖12.1）「人均起司消耗量」與「被床單絞死的人數」高度相關（有 94.71% 的關聯或 r＝0.9471，詳見本章關於關聯性的腳註2）。

註1　http://www.tylervigen.com/spurious-correlations。

　　想當然爾，起司消耗量不會導致一個人被床單絞死（若真會這樣－到底是什麼起司？）正如很難去想像被床單絞死會導致起司消耗一樣－除非周國四處大家在喪禮及守靈時都選擇這種食物（再問一次：到底是什麼起司？這還真是晦暗病態的行銷機會）。還有，當我們「在資料中撈攉」（fishing in the data，**譯註**：亦稱 data fishing，即資料捕魚或捕撈）時，我們的腦袋會填上這樣的故事，因為我們的資料集彼此相關且通常是有意義的。這就是為何重點是要記住關聯性僅是探索階段：我們可以回報關聯性，然後就該繼續更複雜的分析。

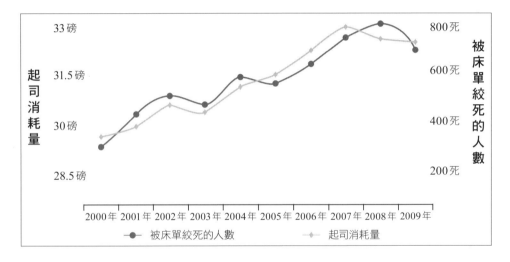

圖 12.1 虛謬關聯 (Spurious Correlation)：人均起司消耗量與被床單絞死的人數

　　還有一些關聯性的範例在我們的研究與本書裡都有報告，因為我們知道，理解環境中的事物如何相互相關有其重要性與價值。在所有的情況下，我們會報告其**皮爾森相關性** [註2]，也就是如今在商務脈絡中最常用的關聯類型。

註2　皮爾森相關性（Pearson correlation）能測量兩個變數之間線性相關的強度，稱作皮爾森的 r 值。這通常只被稱為相關（係數），並有著介於 -1 至 1 的值。若兩個變數有完美的線性相關，也就是說它們恰恰一起變動，則 r＝1。若它們恰恰背道而馳，則 r＝-1。若它們完全不相關，則 r＝0。

12.3.3 推斷性分析

第 3 層次的分析，即**推斷性分析**（Inferential analysis），就是如今在商務與技術研究中最常做的類型。它也被稱作**推斷性預測**（inferential predictive），會幫助我們瞭解某些事物的深遠影響，如：HR 政策、組織行為與動機、以及技術如何對一些結果（使用者滿意度、團隊效率與組織績效）有其深遠影響（ **譯註**：此處可以探討 Applied Behavior Analysis 應用行為分析或 Behavioral Science 行為科學可用武之地，這在近代的社會科學界如史學非常流行，如所謂的現時心態等等，是新興的方法論，會再與作者討論之，也許我們可以在後續的研究中嘗試）。當純粹試驗性設計（experimental design）不可得，而田野實驗（field experiment）更合意時－例如，在商務脈絡中，當在複雜的組織中收集資料，而非在無菌的實驗室環境時，並且公司不會犧牲獲利，來削足適履以迎合實驗團隊所定義的控制組，這種情況下則田野實驗適用。

為避免如「撈攫資料」與找到虛謬關聯的問題，假設都是由理論來驅動的。這種類型的分析就是科學方法的初步。我們大多都熟悉科學方法：大膽假設，小心求證。在這種層次的分析中，假設須要根植在發展健全且支持充分的理論基礎上。

每當我們在本書中談到**深遠影響**結果或**驅動**結果，我們的研究設計就是使用這第 3 種型態的分析。儘管有人建議，運用一些有理論基礎的設計，會讓我們暴露在**確認偏誤**（confirmation bias）下，但這就是科學的作法；嗯，等一下－幾乎是了。科學不僅只是藉由確認研究團隊尋尋覓覓的事物而成；科學是藉由陳述假設，設計研究以測試這些假設、收集資料、然後測試所陳述的假設而成。當發現越多的證據支持假設，我們就對之更具信心。這樣的流程也有助於避免由資料撈攫（fishing for data）而來的危險險－尋找那些也許隨機存在的虛謬關聯（spurious correlations），但卻沒有超越巧合的真實理由或解釋。

在我們的專案中,以推斷性分析測試的假設範例包括:持續交付、驅動軟體交付績效的架構實踐、正向影響組織績效的軟體交付、以及對軟體交付與組織績效皆有正向深遠影響的組織文化。在這些情況下,所運用到的統計方法不是**多重線性迴歸**(multiple linear regression),就是**偏最小平方迴歸**(partial least suqare regression,即 PLS 迴歸)。這些方法在附錄 C 中都有更詳盡的描述。

12.3.4 預測性、因果性與機理性分析

在我們的研究中並不包括最後這些層次的分析,因為我們沒有這種作業所需的資料。為完備故並滿足您的好奇心,在此簡短總結之。

- **預測性分析**是根據先前的事件去預測、預報未來的事件。常見的範例包括:在商務中的花費或用度(utilities,如水電等)預測。預測是非常困難的,尤其是當您嘗試往更長遠的未來看去。這樣的預測通常需要歷史資料(**譯註**:可運用如 Monte Carlo method 統計方法預測未來)。

- **因果性分析**被認為是黃金標準,但它比預測性分析更艱難,並且對大多商務或技術形勢而言,是最為難做的分析。這種型態的分析普遍需要隨機研究(randomized study)。商務中常見型態的因果性分析是在製作原型(prototype)時或網站時所做的 A / B 測試(A/B testing),此時隨機資料可以被收集且分析。

- **機理性分析**在所有的方法中需要最多工事,並且在商務中很罕見。在這樣的分析中,從業人員需計算對變數所要做的精確變更,以導致某精確行為會在某情況下被觀察到。這在自然科學或工程學中最為常見,並且對複雜系統而言是不適用的。

12.3.5 分類性分析

另一種型態的分析是**分類性分析**（classifiaction analysis），或稱**叢集性分析**（clustering analysis）。端賴脈絡、研究設計、與所使用的分析方法，分類性分析也許會被當作探索性、預測性、甚或因果性分析。當在本書中提到高、中、低績效軟體交付團隊時，我們就會運用分類性分析。在其他脈絡中，當您聽聞客戶側寫（資料）或購物籃分析（market basket analysis）時，這也許對您而言是熟悉的。概略看來，流程如此運作：分類變數會被輸進叢集演算法，進而找出顯著的群集。

在我們的研究中，我們套用了這樣的統計方法，運用節奏（時序）與穩定性變數來幫助我們瞭解，並找出在團隊開發與交付軟體中是否有差異，以及這些差異究竟為何。以下就是我們所做的：把我們的 4 種技術績效變數－部署頻率、變更的前置時間、平均修復時間(MTTR)、以及變更故障率－輸入叢集演算法，然後看看什麼樣的群集會出現。我們看到彼此有區別的、統計上顯著的差異，其間高績效者在這 4 種量測上都顯著地做得更好，而低績效者在這 4 種量測上的表現則是顯著地更糟，而且中績效者比低績效者顯著地好，但比高績效者顯著地差。欲詳更多細節，請見第 2 章。

何謂叢集？

敬告那些感興趣之誇誇其談的（或職業的）統計學家，我們使用了階層式叢集。我們取此而捨 K 平均（k-means）叢集有幾個理由：第一，我們沒有任何理論或其他想法，知曉在分析之先要期待多少群集。第二，階層式叢集讓我們探討在浮現叢集（emerging cluster）中的父子關係，給我們以更大的可闡釋性（interpretability）。最後，我們並沒有龐大的資料集，因此計算能力與速度並非顧忌。

▌12.4 本書中的研究

在本書中呈現的研究涵蓋了一段 4 年的時期，而且是由作者們所進行的。因為這是初級研究，故而獨一無二適合解決我們心目中的研究問題–明確來說，什麼樣的能力驅動軟體交付績效與組織績效？此專案是基於定量問卷調查資料，讓我們能做統計分析以測試我們的假設，並揭示深入驅動軟體交付績效因素的洞見。

在接下來的章節裡，會討論到我們所採取的步驟，以確保從我們問卷調查所收集的資料良好且可靠。然後，我們會研究為何問卷調查對量測而言是一種比較合意的資料來源–在如我們一般的研究專案與在您自己的系統中皆然。

MEMO

13

心理計量學入門

13.1　相信有潛在構念的資料

關於我們研究最常被問到的兩個問題就是，為何我們在研究中運用**問卷調查**（survey，此問題會在下一章詳加說明），還有我們是否確定可以相信由問卷調查收集而來的資料（而不是那些由系統生成的資料）。對我們潛在資料品質的質疑，通常會為這些問題搧風點火–以及因此，質疑我們成果的可信度。

對良好資料持懷疑論是合理的，所以讓我們從此開始：您到底可以多信任從問卷調查而來的資料。這些顧慮泰半來自我們大多經受過的問卷調查類型：誘導式民調（push poll，亦稱作宣傳式問卷調查(propaganda survey)）、簡易問卷調查（quick survey）、以及由那些未受妥善研究訓練之人員所寫就的問卷調查。

誘導式民調是那些有著清楚且明顯的訴求（agenda）–他們的問題很難誠實回答，除非您已經同意這些「研究者」的觀點。這種例子通常在政治場域隨處可見，例如川普總統在 2017 年 2 月發布了他的**主流媒體當責（可信度）調查**（Mainstream Media Accountability Survey），並且公眾很快就反應有顧慮。在此僅擷取此問卷調查的些許精彩部分，就足以讓人質疑這些問題本身，以及這些問題是否有能力可以一種明白、不偏袒的方式搜集資料：

1.「您相信主流媒體對我們的運動報導不公嗎？」

- 這就是問卷調查裡的第一個問題，而且很微妙，但這也為問卷調查的其餘部分定調。藉由使用這個「我們的運動」一詞，它挑起了受訪者的敵我意識（招致受訪者分為**我們對上他們**的立場）。在這種政治循環（套路）中，「主流媒體」也是一種負面火藥味十足的用語。

2.「您有意識到有個民調發布透露：大多數美國人其實是支持川普總統的暫時禁制行政命令（例如限制入境與移民）嗎？」

- 這樣的問題很明顯就是個誘導式民調的例子，其中這問題嘗試給予問卷調查受訪者資訊，而非詢問他們對於正在發生事件的意見或感受。這問題也運用了一種心理戰術，暗指「多數美國人」支持這樣的暫時禁制令，訴諸讀者想歸屬該團體的渴望。

3. 「您是否同意川普總統的媒體戰略，繞過媒體的雜音，將我們的訊息直接傳遞給人們？」

- 這個問題包含了強烈、分化的言語，將所有媒體歸為「雜音」－在這樣的政治風氣中是一種負面的意涵。

由此可見，為何人們會對問卷調查抱持偌大的懷疑態度。若他們只散佈這樣的訊息營造如此氛圍，當然就不能相信他們！從這些問題而來的任何資料，都不能可靠地告訴您到底該受訪者的感受或意見為何。

即使不像如上誘導式民調這麼明顯的例子，糟糕的問卷調查還是隨處可見。最常見的情況就是，這種結果其實出於善意但缺乏訓練的問卷調查寫手，因想要獲得一些洞見深入其客戶或員工意見而設。常見的弱點是：

- **引導式問題**。問卷調查問題應該讓受訪者放心回答，而不該刻意引導他們到某個方向的偏誤。例如：「您會如何描述拿破崙的身高？」就會比「拿破崙矮嗎？」要來的好（ 譯註 ：這個例子還是不很好，應該問的是：您會如何描述拿破崙？身高對於拿破崙這個主體而言就是引導了，但是這樣退就太後了，所以問題設計很費心思。應該延續上述關於川普總統的問題，可以問民眾對於其內政外交政策的舉措感受如何，一路退到不誘導為止，而且採樣很重要，不能只問共和黨或民主黨支持者）。

- **既定觀點問題**。問卷題目不應該強迫受訪者無法照實回答。例如：「您在哪裡參加證照考試？」根本就不容許他們沒考證照的可能性。

- **複合問題**。一個問題應該只問一件事。例如：「您有被客戶及 NOC（Network Operations Center，**譯註**：網路運維中心）告知故障嗎？」並沒有告訴您的受訪者要回答哪部分的問題，是客戶嗎？還是 NOC？兩者皆是？若回答「否」，代表兩者皆非？

- **含糊言語**。問卷調查的題目應該使用受訪者熟悉的言語，且應該澄清並於必要時提供範例。

　　許多商務上所使用問卷調查問題的潛在弱點，是只用單一問題來收集資料。這有時會被稱作「簡易問卷調查」（quick survey），這很常用在行銷與商務研究。若立基在撰寫良好且小心編排的問題上，這些問題會很有用處。然而，重要的是只會從這種問卷調查得出狹隘的結論。一個良好簡易問卷調查的範例就是**淨推薦值**（NPS），這是業經精心研發、是清楚明白的，而且其用途及適用性都有充分的文件記載。雖然估量使用者員工滿意度有更好的統計方法，例如那些運用較多問題的方法（East 等人於 2008 年），但是單一度量通常比較容易對您的受眾（audience）施做而獲取有用資訊。此外，NPS 有個好處，就是它已經變成業界標準，因此很容易能比較不同公司的不同團隊。

▍13.1 相信有潛在構念的資料

　　既然要注意這麼多事情，那我們怎麼能相信問卷調查方法回報的資料呢？我們要怎麼確定，即使有人說謊，也不會影響結果（出現偏差）？我們的研究運用潛在構念（latent construct）與統計分析去報告良好的資料－或至少提供相當的保證：資料是按我們所預期的揭示事物。

　　潛在構念是用來測量那些無法直接被測量之事物的一種方法。我們可以詢求房間室溫或網站的回應時間－這些是我們可以直接測量的事物。無法直接測量之事物的一個好例子就是**組織文化**。我們無法測得一個團隊或組織的組織文化「溫度」－我們需要藉著測量其組成部件（稱作外顯變數）來測

量文化,而我們透過問卷調查問題測量這些組成部件(component part)。也就是說,當您對某人描述某團隊的組織文化時,您很可能會納入些許特徵,這些特徵就是組織文化的組成部件。我們會逐個測量(作為外顯變數),那麼兜在一起就可以代表一個團隊的組織文化(潛在構念)。同時,運用問卷調查問題來獲取這些資料是恰當的,因為文化就是人們在團隊中工作的親身經歷。

當處理潛在構念時-或任何我們在研究中想測量的事物-重要的是,就我們想測量的事物,要以其清楚的定義與理解開始著手。在這種情況下,需要確定到底我們所謂的「組織文化」為何。如同在第 3 章所討論的,我們感興趣的組織文化是會優化信任與資訊流的。在此參考了 Ron Westrum 博士(2004 年)所提出的**類型學**(typology),如表 13.1 所示。

表 13.1　Westrum 的組織文化類型學

病態型(權力導向)	官僚型(規則導向)	生機型(績效導向)
合作程度低	合作程度有限	高度合作
信使「被斬」	信使被忽略	信使訓練有素
規避責任	責任狹隘(自掃門前雪)	共同承擔風險
阻礙交流	容忍交流	鼓勵交流
失敗後找人受過(替罪羊)	失敗後將人繩之以法	失敗後追根究底
新穎想法被輾碎	新穎想法會導致問題	新穎想法被實施

一旦我們確定構念,就可以著手撰寫問卷調查問題。顯然,僅就單一問題無法表現 Westrum 博士所提出的組織文化概念;組織文化是多面向的概念,若詢問某人:「您的組織文化如何?」,就會冒著人們各以不同方式理解問題的風險,但藉由運用潛在構念,我們就可以為深層概念的每個面向問一個問題。若我們好好定義構念,而且好好撰寫各項目,就能行得通,像**文氏圖**(Venn diagram)一般,每個問卷調查問題捕捉深層概念的相關面向。

在收集資料之後，我們可以運用統計方法來核實這些度量（measure）事實上的確反映到核心的深層概念。一旦這完成了，我們就可以綜合這些度量來提出個單一數字。在這個例子中，組織文化各面向的問卷調查問題之綜合，就變成我們對此概念的度量。藉著在每個項目上算出平均分數，就可以得到這種勉強說得上是「組織文化溫度」的度量。

潛在構念的好處是，藉由運用數個度量（稱作外顯變數–潛在變數能被測量的片段）去捕捉深層概念，就會幫助保護您自己免於糟糕的度量與窳劣的**行動子**（bad actor，可簡稱為壞蛋，請見下方的譯註）。怎麼辦到的？這在很多方面都有用，也適宜應用在運用系統資料以測量系統績效上：

1. 潛在構念幫助我們謹慎思考我們到底要測量什麼，以及如何定義構念。

2. 潛在構念給予一些視角，切入我們正在觀察之系統的行為與績效，幫助排除那些搞鬼的（rogue）資料。

3. 潛在構念使單一不良資料來源（無論由於誤解或某個壞蛋）更難歪曲我們的資料。

> **★譯註** Actor 也叫做演員，如 actor model 裡面所有個體都是 actor，彼此傳遞訊息來溝通。1973 年由 Carl Hewitt 等人提出，而 1975 年 Alan Kay 確定了 OOP 這個名詞，強調訊息傳遞（message passing），基本上就是 actor model。這邊講的就是會傳遞不良訊息的 actor，故稱行動子。在這裡為易於理解，也可以簡稱為壞人、壞蛋。請見這套非常視覺化的投影片：https://bit.ly/3GcI0vP。

13.1.1 潛在構念幫助我們謹慎思考我們在測量的事物

潛在構念幫助我們避免窳劣資料的首種方式，就是幫助我們仔細思考到底想要測量什麼以及該如何定義構念。花點時間去思考這樣的流程，有助於我們避免窳劣的量測。退一步想您到底嘗試要測量什麼，以及您會如何測量或代表（proxy）之。接下來，讓我們重新考慮測量文化的範例。

常常聽到在技術轉型中文化很重要，故而我們想要測量之。我們是否應該僅僅問員工與同儕：「您的文化好嗎？」或「您喜歡您團隊的文化嗎？」若他們回答「是」（或「否」），那究竟意味什麼？那究竟會告訴我們什麼？

在第一個問題中，我們所說的文化意涵為何？以及受訪者如何解讀？我們在談論什麼文化：您團隊的文化或您組織的文化？若真是談論一種工作場所的文化，那我們指涉這種工作文化的哪些方面？抑或是我們對您的國族認同與文化更有興趣？假設每個人都了解**文化**這一半的問題，那什麼叫做**好**？好的意思是信任？好玩？或其實是完全不同的東西？甚至一種文化有可能是全然地好或壞嗎？

以上的第二個問題會好一點，因為我們的確明白指出所詢問的是團隊層級的文化。然而，這裡仍然沒有給讀者任何概念，關於我們指涉的「文化」究竟為何，因此我們得到的資料有可能反映出**團隊文化**的不同概念。另一個顧慮是，若我們問人是否喜歡他們的文化，那麼**喜歡**一個文化是什麼意思？

這看來似乎是個極端的例子，但我們不斷看到人們犯這種錯（但您除外，親愛的讀者）。藉由退一步審慎思考您究竟想測量什麼，並真正去定義我們意謂的文化為何，就可以得到更好的資料。當我們聽到在技術轉型中文化很重要，我們指涉的文化是有高度信任、促進資訊流動、在團隊間建立信任的橋樑、鼓勵創新並分擔風險的文化。當心中存有如此的團隊與組織文化定義，就能看出為何 Westrum 博士所呈現的類型學如此契合我們的研究。

13.1.2 潛在構念給我們幾個進入資料的視角

潛在構念幫助我們避免不良資料的第二種方式，就是藉由給予我們進入所觀察系統之行為與績效的幾個視角。這讓我們可以找出任何異常的度量（measure），除此以外無法察覺之（若這些異常是我們所僅有能捕捉系統行為的度量）。

讓我們重新考慮測量組織文化的案例。為開始測量這樣的構念，我們首先根據 Westrum 博士的定義，提出組織文化的幾個方面。從這些方面，我們寫就幾個項目 [註1]。本章稍後我們會更詳細談到撰寫良好的問卷項目及檢查其品質。

一旦我們收集了資料，就可以跑一些統計的測試，以確保這些項目事實上的確都在測量同一個深層概念–潛在構念。這些測試會檢查：

- **區別效度（Discriminant validity）**：這些測試是確保這些不應該彼此相關的項目的確不相關（例如，確保那些我們相信無法捕捉到組織文化的項目，事實上也與組織文化不相關）。

- **聚合效度（Convergent validity）**：這些測試是確保那些彼此應該相關的項目的確相關（例如，若那些項目應該能測量組織文化，那麼它們的確有測量到組織文化）。

除了效度測試之外，就我們的度量也進行信度測試（reliability test）。這會保證填寫問卷者對這些項目都有差不多的解讀，這也稱為內部一致性（internel consistency）。放在一起看，效度與信度統計測試會證實我們的度量，這要走在任何分析之先（為之）。

註1　這些項目一般都被稱為問卷調查問題。然而，它們事實上不是問題；而是陳述。於此書中我們稱它們為問卷調查項目。

在 Westrum 組織文化的案例中，我們業已看見 7 個項目，會捕捉到團隊的組織文化：

在我的團隊中…

- 資訊是被積極尋求的。

- 當信使（messenger）傳遞類似故障或其他壞消息時，他們不會被懲罰。

- 責任是彼此分擔的。

- 鼓勵且獎勵跨職能協作（cross-functional collaboration）。

- 失敗導致追根究底。

- 新穎想法是受歡迎的。

- 故障主要被當作是改善系統的機會。

透過從「1 分＝非常不同意」到「7＝非常同意」等級（量表等第、評級），團隊可以快速且不費力地測量其組織文化。

這些項目已被測試過，並發現在統計上是有效且可信的。也就是說，它們的確在測量它們意圖測量的事物，而且人們一般來說也是彼此一致地解讀之。您也會注意到，我們是就團隊來詢問這些項目，而非組織。當我們創設這些問卷調查項目時，我們就做了這個決定（就團隊而非組織）–偏離了 Westrum 原本的框架–因為組織會非常大，有小圈圈（pocket），各有不同的組織文化。此外，人們能就其團隊做更正確的回答，而非所隸屬的組織，這會幫助我們收集更好的度量。

13.1.3 潛在構念有助於預防異常資料

這裡應該澄清一下：**會定期以統計重新測試，且展現良好心理計量特性**的潛在構念，有助於我們預防異常資料。

什麼？讓我們加以解釋。

在前一節，我們談論到效度與信度－我們可以做些統計測試，來確保測量某種潛在構念的問卷調查項目彼此相屬。當我們的構念通過了所有的統計測試，我們會說它們「展現良好心理計量特性」。定期地反覆評量這些構念會是個好主意，如此可以確保沒有任何事物變動，尤其是若您懷疑在系統或環境中有了某某變動時。

在組織文化的實例中，這所有的項目都是該構念的良好度量。於此有另一個構念的實例，於其間測試突顯了改善我們度量的機會。在這個案例中，我們對檢視故障通知感興趣。這些項目是：

- 我們主要藉由客戶回報來得知故障。

- 我們主要經由網路運維中心（NOC）得知故障。

- 我們從記錄（logging）與監控系統獲得故障警報。

- 我們基於門檻警告（例如：CPU 使用超過 90%）來監控系統健康。

- 我們基於變動率（rate-of-change）警告（例如：CPU 使用量在過去 10 分鐘內增加了 25%）來監控系統健康。

在初步的問卷調查設計中，我們在約 20 位技術專家身上試測（pilot-tested）構念，而這些項目是共載的（load together，也就是說，它們測量了同一種深層構念）。然而，當我們完成了最終、更廣大的資料收集時，我們做了些測試以證實該構念。在這些最終測試中，我們發現這些項目其實測量了兩種不同的事物。也就是說，當我們運行統計測試時，這些項目並沒有證實某單一構念，而是揭露了兩種構念。前兩個項目測量一種構念，該構念看起來會捕捉「來自自動化流程以外的通知」：

- 我們主要藉由客戶回報得知故障。

- 我們主要經由 NOC 得知故障。

這第二組項目捕捉了另一個構念–「來自系統的通知」或「積極主動的故障通知」：

- 我們從記錄（logging）與監控系統獲得故障警報。

- 我們是基於門檻警告（例如 CPU 使用超過 90%）來監控系統健康。

- 我們是基於變動率（rate-of-change）警告（例如 CPU 使用量在過去 10 分鐘內增加了 25%）來監控系統健康。

若我們原先只詢問問卷調查受訪者，看他們是否以單一問卷調查問題來監控故障，我們就不會意識到捕捉這些通知來自何處的重要性。再者，若這些通知來源（notification source）改動其行為，我們的統計測試就會抓到並發出警報。這同樣的概念也適用於系統資料，我們可以使用來自系統的多種度量來捕捉系統行為，而且這些度量可以通過我們的效度檢查。然而，我們應該持續對這些度量做定期檢查，因為它們可能會變動。

我們的研究發現：以上項目捕捉到的第 2 個構念（積極主動的故障通知），是一個可以預示軟體交付績效的技術能力。

13.1.4 潛在構念可如何為系統資料所用

這些關於潛在構念的主意也可延伸至系統資料：藉由使用一些度量來尋找相似的行為模式，來幫助我們避免不良資料，而且它有助於深思熟慮：思考我們事實上在嘗試想代表的事物。例如，假設我們想要測量系統效能，我們可以僅僅收集系統在某些方面的反應時間（response time）。為了在資料中尋找相似的模式，我們可以從系統中收集若干資料，來幫助我們理解其反應時間。為思考我們在嘗試測量的事物－效能－我們可以考量效能的各種不同面向，以及這會如何反映在系統指標（metric）中。我們也許就會明白，我們所感興趣的某種系統效能之概念度量，其實是很難直接測量到的，最好透過其他相關的度量來捕捉之。

這裡有一點很重要而該記下的是：所有度量都是某種代表（proxy，**譯註**：或謂代理）。也就是說，對我們而言它們代表一種想法，即使我們自覺上不會承認之。這對系統資料與問卷資料而言皆確是如此。例如，我們也許會使用回應時間，當作我們系統效能的一種代表。

若只有眾資料點中的其一被用作晴雨表（barometer），而且這一個資料點是糟糕的－或會變糟－我們將無法知曉。例如：改動收集資料的程式碼會影響一種度量；若我們只收集這單一度量，那麼抓到這個改動的可能性就低。然而，若我們收集數個指標（metric），這種行為上的變動會有更大的機會被偵測到。潛在構念給予一種機制，可以保護我們免於窳劣度量或不良代理者（agent，**譯註**：或作代理人，是一種軟體程式，可以代替／代表其擁有者執行一些重複性或者需要長時間專注的任務，好似某種影化身或網路分身），在問卷調查與系統資料中皆確實如此。

14

為何使用問卷調查

既然知道我們的問卷調查資料可以被信任－也就是說，我們有相當的保證，這些從我們設計良好、且經充分測試的心理測驗問卷調查構念而來的資料，是照我們預期顯露一些事情－為何我們使用問卷調查？還有，為什麼其他人也應該使用問卷調查？想瞭解其軟體交付流程績效的團隊，通常都藉由**量器**（instrumenting，請見下方譯註）其交付流程與工具鏈（toolchain）以獲取資料為始（終此全書我們稱以此方式產生的資料為「系統資料」）。的確，如今市場上有幾個工具，提供一些項目分析如前置時間等等，那麼為何有人想要從問卷調查收集資料，而不僅從您的工具鏈呢？

> **★譯註** 所謂量器，即在源程式碼中，插入額外計時計量的記錄或剖繪（profiling）的小程式片段，可以測量該段源程式碼的執行狀況與效益。

　　為何使用問卷調查資料有數個原因，我們在本章會簡要呈現一些。

1. 問卷調查讓您可以快速收集並分析資料。

2. 以系統資料測量全端堆棧（full stack）是有困難的。

3. 完全以系統資料測量是有困難的。

4. 您可以信任問卷調查資料。

5. 有些事物只能透過問卷調查來測量。

14.1 問卷調查讓您可以快速收集並分析資料

通常，使用問卷調查最強烈的原因就是速度，且資料收集起來不費力。對於嶄新的或是一次性資料收集工事尤其如此，或是對橫跨或穿越不同組織界限的資料收集而言亦尤其如此。出現在此書中的研究，就是經歷了 4 次各異的收集工事。

每一次，我們的資料收集會為期 4 到 6 週，遍及寰宇，從成千上萬問卷調查受訪者而來，代表了成千上萬個組織。請想像這樣的艱辛（實際上是幾乎不可能）：在同一時期從那樣多的團隊獲取系統資料，單就法務的許可審查而言就不可能了，遑論資料規範與轉移。

但讓我們假設是可以在 4 週的時間內，從全世界數千個受訪者收集系統資料。下一步，就是資料清理與分析。為 DevOps 境況報告所做的資料分析一般費時 3 到 4 週，也許你們之中許多人處理過系統資料；甚至更多人也許有這種殊榮（不如說是痛苦）去綜合並校勘 Excel 試算表。試想從寰宇數千團隊獲得粗略系統資料（或許是資本規劃試算表）。試想清理、組織然後分析這些資料的挑戰，而且還要在 3 週內準備好交付報告（表）所需的結果。

除了清理資料與進行分析的基本挑戰以外，還存在一個重大的挑戰可能會令您質疑所有工作，而且很可能是最大的限制：即資料本身。更明確地說，就是資料本身暗含的**意義**。

您可能已在自己的組織中見過：不同團隊可能會以相同名稱稱呼大相逕庭（或甚至些微不同）的度量（量測）。其中的兩個例子就是**前置時間**（lead time，我們定義為從程式碼提交，到程式碼處在一個可部署狀態的時間）及**週期時間**（cycle time，有人定義為從開始從事程式碼開發，到程式碼處在一個可部署狀態的時間）。然而，這兩種名詞常被交替使用，而且常被搞混，即使它們測量不一樣的事物。

若一個團隊稱之為「週期時間」；而另一個團隊稱之為「前置時間」－但他們兩方其實都在測量同一種東西，那麼會發生何事？又要是他們兩造都稱之為前置時間，但在測量不同東西該怎麼辦？然後我們已經收集好資料並嘗試進行分析…但我們不確知哪些變數是哪些？這會造成重大的測量與分析問題。

謹慎措辭、精心製作且經過審核的問卷調查有助於解決這個問題。所有受訪者此刻都是就相同的項目、相同的措辭與相同的定義來做問卷。他們在其組織稱作什麼並不重要－重要的是他們在問卷調查中被問到什麼。他們被問到什麼的確重要，因此問卷調查項目的品質與明晰（clarity）就更加重要了。不過一旦問卷調查撰寫的工作完成，為著分析所做的資料清理與準備的工作就會更快且更簡單。

在嚴謹的研究中，會進行額外的分析（如：共同方法變異(common method variance)檢查）以確保問卷調查本身沒有將偏誤（bias）引入結果中，而且檢查回覆，看看在初期與晚期的應答者間有沒有任何偏誤（請見附錄C）。

▌14.2 以系統資料測量全端堆棧是有困難的

即使您的系統在回報良好且有用的資料（從我們的經驗可知，這種臆斷經常是錯的，而且一般需要藉由試誤才能查明），那些資料也很少會是徹底詳盡的。也就是說，您真的能確定，它 100% 是在測量您有興趣的系統行為嗎？

讓我們以一個範例來闡明。本書作者之一在職涯中曾任 IBM 的效能工程師，從事企業磁碟存貯系統相關工作。她團隊的職責是診斷這些機器的問題並優化其效能，包括磁碟讀取、寫入、快取與針對種種不同作業負載之

RAID 重建工作。在經歷數輪新措施之後，「盒子」運作良好，而且團隊有其系統各層面的指標可資佐證。偶爾，團隊會從客戶方聽到盒子慢了。團隊都會調查之－但前一兩次回報都被團隊排除了，因為他們確認盒子的效能良好：所有的系統記錄（log）都如此顯示！

然而，隨著團隊接到越來越多效能低下的回報，就有必要進行更多調查。當然，客戶與實地現場方面是有撒謊的動機，例如：為了基於違反 SLA 的折扣。但是客戶與現場回報有某種模式－都顯示類似的緩慢。雖然這種「從人而來的資料」不具有如系統記錄（或稱日誌）般的精確度（例如，回報的反應時間（response time）的精確度只到分鐘級，對比記錄檔中的毫秒級精確度），但這就給予團隊足夠的資料知道去哪找問題。它意味著有種模式存在，並顯示了某種跡象，可以在其作業中追尋之。

那麼究竟為何？結果發現，盒子本身運作異常良好。團隊已量器（instrument）了系統堆棧的每一層級，而且在捕捉所有盒子裡所能捕捉的東西…而團隊不能捕捉的面向是在介面裡，客戶與盒子互動的方式會引致顯著的效能退化。團隊迅速組成了一個小組來因應，並設法應付這塊新領域，然後很快整個系統都以巔峰效能運作了。

若非詢問人們關於系統效能的問題，團隊就無法瞭解到底發生什麼事。花點時間去做定期的評估，包括實作並交付您技術之技術專家的看法，可以揭示穿透瓶頸的關鍵洞見，與您系統中的限制（constraint，束縛）。藉著問卷調查您團隊中的每個人，就有助於避免那些過度正面或過度負面回覆的相關問題[1]。

註1　當然，這假設您是以著眼改善的態度來收集資料－而不告訴所有人他們只能正向（肯定）回答，否則其他都不算回答（**譯註**：有點像鴕鳥心態，只想收集自己想看的資料，有偏見）。就等同這個笑話：「Beatings will continue until morale improves（直到士氣改善，否則繼續鞭笞）」，您會得到想要的資料－良好的回覆－但這是無意義的。一種有助於鼓勵誠實回覆的方式是：保證資料收集是匿名的。

▌14.3 完全以系統資料來測量是有困難的

運用問卷調查的一個相關原因，就是無法透過系統資料捕捉到所有正在發生的事－因為您的系統只知曉在系統界限內發生的事；相反地，人們可以看到系統中與其周圍發生的所有事，然後可以舉報之。讓我們以一個範例來展示。

我們的研究已發現，就軟體交付績效而言，運用版控系統（version control）是種關鍵能力。若我們想知道團隊運用版控系統控制所有生產環境（production）產出物（artifact，或衍生物）到何地步，其實可以詢問該團隊。團隊可以告訴我們，因為他們對所有作業有其能見度。然而，若我們想透過該系統測量之（版控產出物到何地步），我們就有重大的限制。該系統只能告訴我們其所見－有多少檔案或儲存庫（repository）提交到（check in）版控系統。但沒有箇中脈絡的話，這樣生澀的數字就沒有意義。

理想上，我們會想知道檔案或儲存庫存在版控系統中的百分比－但這系統無法告訴我們：會需要計算提交的檔案還有未提交的檔案，而系統不會知道有多少檔案不在版控系統中。系統只對在其中的東西有能見度－在這種情況下，版控系統的運用，就不是從記錄檔與量器（instrumentation，**譯註**：見前註）所能準確測量的。

人們對系統也不會有完全的瞭解或能見度－從事您系統相關工作之專家會有其看法與經驗，但若您完全忽略之，就會失去對您系統的重要觀點。

▌14.4 您可以信任問卷調查資料

我們常被問到：怎麼可以信任任何從問卷調查而來的資料－以及，由此延伸，從問卷調查而來的種種發現。這可以用一個假想練習（thought exercise 或作假想實驗，**譯註**：發揮想像力為主，並非實際的實驗，如圖靈測驗或近代物理學中薛丁格的貓）來闡釋之，有時在對技術專家群體演說然後問到他們的工作時，也會用到這個練習。試問您自己（或您所認識從事軟體開發與交付工作的某人）這些問題：

1. **您信任問卷調查資料嗎？**屢試不爽，這第一個問題鮮少得到支持；我們受眾之中的許多人很遺憾地臆斷人性的醜惡，而預期人們會在問卷調查中撒謊，或人們預期問卷調查寫手與設計者會嘗試「操弄」問題，以得到所想要的結果－我們稍早談過這個主題。

2. **您相信您的系統或記錄資料嗎？**在這第二個問題上，通常會得到比較多的支持與贊同。對從我們系統而來的資料感到自在，因為我們有自信這些資料沒有被篡改過。因此，我們前進到第三個問題。

3. **您曾經見過從您系統而來的壞資料嗎？**在我們的經驗中，幾乎每個人都在系統檔案中看過壞資料。儘管許多人臆斷系統資料沒有被動過手腳，但這些系統畢竟是人造的（因此還有從這些系統而來的資料），而人會犯錯。或者，若我們假定壞蛋（bad actor）存在於我們的系統中，那麼只需要一個壞蛋，就可以置入程式碼，讓系統給我們錯誤的資料。

壞蛋與系統資料

邪教經典電影，《上班一條蟲》（Office Space）就是以這個前提為基礎：某壞蛋對財務軟體置入了變更，會存入非常少量的錢（被稱作是一種「捨入誤差」）到某個人帳戶，然後這樣的捨入誤差就不會在財務報表上出現。這就是壞系統資料的一個絕佳例子。

若如此熟悉我們系統中會有壞資料，為什麼我們還這麼信任那些資料，卻還對問卷調查資料持懷疑態度呢？也許是因為做為工程師與技師，我們明白自己的系統如何運作。資料就從這些系統而來，我們相信自己可以看出其中的錯誤，而當我們看到時，我們就會知道怎麼修復之。

對比之下，處理問卷調查資料看起來很異類，對那些尚未被訓練熟習撰寫調查問卷與心理測驗方法者而言尤其如此。但本書第二篇所呈現的這些觀念回顧，應該能闡明可以採取一些步驟使問卷調查資料更可靠才是。這包括運用精心發掘的度量（量測）、潛在構念與統計方法以確認這些度量的效度與信度。

來比較我們的兩個案例：系統資料與問卷調查資料。在系統資料的案例中，一或多人可以更改記錄檔中報告的資料，這可能就會是一個高度具有動機的不良行動子（bad actor，或簡稱壞蛋）而同時有根（root）權限（或高系統權限，如：超級使用者），抑或是某個開發者犯了錯，而其錯誤無法被審查或測試捕獲，這些對資料品質有重大的深遠影響，因為您很可能只有一個或幾個資料點是業務（生意）上會注意到的，在這樣的情況下，您的原始資料是不良的，而也許數月或數年過去您也完全抓不到這些問題。

在問卷調查資料的案例中，一些高度具有動機的壞蛋可以就問卷調查問題撒謊，而他們的回應可能會歪曲（skew）整個群體的結果。其對資料的深遠影響，取決於所調查群體的大小。在為此書進行的研究中，我們把超過 23,000 位受訪者的回應湊在一起。因此，會需要幾百個人以一種協調好、有組織的方式「說謊」才能有明顯的差異－也就是說，他們會需要就潛在構念的每個項目說謊，而且往同個方向、同種程度說謊才行。在這樣的情況下，運用問卷調查其實會保護我們抵抗這些壞蛋（bad actors）。我們採取了一些額外的步驟來確保所收集到的是良好的資料；例如，所有的回應都是匿名的，這有助於讓填寫問卷調查的人感到安全，可以回應且分享誠實的回饋。

這就是為何我們可以相信自己問卷調查中的資料－或是至少有尚可的保證，確保資料的確如預期地揭露一些事物：我們運用潛在構念，並小心翼翼且思慮縝密地撰寫問卷調查度量，迴避任何宣傳伎倆；我們進行數個統計測試，以確認我們的度量達到效度與信度之心理計量（psychometric）標準；並且我們有個巨大的資料集，訪查遍及寰宇的受訪者，這就是我們預防錯誤或壞蛋的最佳防護。

▌14.5 有些事物只能透過問卷來測量

有些事物只能透過使用問卷調查來測量。當我們問及看法、感受與意見時，運用問卷調查往往是可行的唯一方式。一樣，我們會回顧組織文化的前例。

通常，人們會想聽從客觀資料以代表像是組織文化之類的東西。客觀資料不會被感覺或情緒所影響；相比之下，主觀資料會捕捉一個人對某情況的看法或感受。在組織文化的案例中，團隊通常訴諸客觀度量，因為他們想要以某種更快的方式收集資料（例如，從 HR 系統），而仍會憂慮人們會就其感覺撒謊。使用存在 HR 系統中的變數來代表「文化」的挑戰是，這些變數很少會直接對映（direct mapping）。例如，往往用來評定「好」組織文化的指標是留任（retention）－或反過來，評定是「壞」組織文化的指標則是流動（turnover）。

用以上方式來代表文化有幾個問題，因為存在很多因素會影響某人是否想留在團隊或組織中。例如：

- 若員工接受了其他公司的工作聘任（job offer），因為對方提供明顯更佳的薪資與休假，那他們的流動很可能跟文化無關。

- 若員工的配偶或夥伴接受了工作聘任而需要調任（搬家），然後您的員工決定跟著搬走，那麼他們的流動也許就跟文化無關。

- 若員工決定追求不同的職涯或回到校園，這也許就與文化無關，而比較關乎其個人旅程。事實上，本書作者之一知曉一個案例，就是某員工在一個非常支持人、鼓勵人的公司，也在一個很棒的團隊中。就是這個很棒的團隊環境鼓勵他去追夢、追求職涯的變動，因此他可以持續接受挑戰。在這樣的案例中，是強健的文化造成了流動，適得其反。

- 這些度量可能被操弄（gamed）。若主管發現員工在積極找工作，那麼他就會裁掉這位員工，確保這位員工不會被任何流動率的相關數字數算到。而且反過來，若主管被獎勵要留任團隊成員，他們可能會阻礙轉調，如此一來即使文化差勁也留住人了。

若我們小心忖度我們在測量什麼，那麼流動（turnover）會是一個有用的度量 註2。但在上例，我們看到員工流動與留任並無法揭露關於團隊或組織文化的多少事－或若這兩者的確揭示什麼的話，那也並非我們所想。若我們想瞭解人們如何感受承擔風險、分享資訊以及跨界溝通的話，那麼就得問他們。沒錯，您可以使用其他的系統表徵（system proxy）來看到一些這種事物正在發生的狀況；例如，您可以觀察網路流量，以得知哪些團隊成員彼此較常溝通，而且您可以觀察隨著時間推移的趨勢，以知曉團隊成員是否較常（或較不常）溝通。您甚至可以運行語意分析，看看他們電子郵件或交談中的措辭大體上是正向或負面的。但若您想知道他們對工作環境感覺如何，以及工作環境對他們的工作與目標而言有多支持鼓勵－若您想知道為何他們在以您所觀察到的方式行事－您必須得問他們。而如此行最好的方式，即以系統化、可靠的、還可以與時俱進進行比較的方式，就是透過問卷調查。

而且，詢問是值得的。研究業已顯示，組織文化可以預示技術與組織績效、預示績效結果，也顯示團隊互動（所謂群體動力學，team dynamics）與心理安全感，是瞭解團隊績效最重要的兩個面向（Google 於 2015 年）。

註2　一個有趣的例子是，運用留任作為一種測定面試流程效用的方式，請見 Kahneman 於 2011 年的著作（中譯《快思慢想》，天下文化出版，此書解釋了有效的面試流程設計）。

15

為專案所用的資料

本專案的初衷是想瞭解如何使技術偉大，以及技術如何使組織更好。明確地說，我們想要調查組織迄今用來開發與交付軟體的新方式、方法以及典範（範型，paradigm），專注在**敏捷與精益**（Agile and Lean）流程，從開發延伸到下游；並確定信任文化與資訊流的優先次序，以短小精悍的跨職能團隊創造軟體。在 2014 年專案伊始，這樣的開發與交付方法論廣為人知，稱作 DevOps，因此我們就沿用這個詞彙。

我們的研究設計－一種為時 4 年、跨階層（有代表性）的資料收集工作[註1]－招募熟悉 DevOps 字眼的技術專家與組織（或至少願意瀏覽包含 DevOps 字眼的電子郵件或社群媒體貼文者），這新字眼也相應以我們的資料收集為目標。良好的研究設計都會定義**目標族群**，而這些專家與組織就是我們的目標族群。我們選擇這樣的策略有兩個理由：

1. **這讓我們專注在資料收集上。** 在本研究中，使用者就是那些在軟體開發與交付產業中的人，無論他們母公司（或母組織、所屬機構）所從事的是技術產業或由技術所驅動，如零售、銀行、電信、醫療保健或一些其他產業。

2. **這讓我們能專注在那些較熟悉 DevOps 觀念的使用者身上。** 有些技術專家已經在運用比較現代化的軟體開發與交付實踐，這些專家會使用一些術語，而我們的研究是瞄準那些業已熟悉這些術語的使用者們，無論他們是否（被識別）為 DevOps 從業人員。這很重要，因為在時空條件的

註1　跨階層（cross-sectional）這種設計意味資料是在單一時間點收集的，然而，這會妨礙我們進行縱向分析（longitudinal analysis），因為我們的回應並沒有年復年（year over year）的連結（**譯註**：類似編年體的編排彙整，比較年年的差異）。藉著在 4 年間重複這項研究，我們可以觀察到跨行業的模式。儘管我們想收集縱向的資料集－也就是說，我們會年復年採樣同一組個體－但由於隱私方面的顧慮，這可能會減少回覆率（而且當這些人換團隊或工作時怎麼辦？）。我們目前正在追求這個領域的研究。跨階層研究設計的確有其益處：在單一時間點所收集的資料會減少研究設計中的變異性（variability）。

限制下，若花太多時間在定義背景與囉唆的觀念解釋上（如持續交付與組態設定管理），可能會冒著問卷調查受訪者選擇退出本研究的風險（失去耐性）。若受訪者得花上 15 分鐘學習一種觀念才能回答問題，他們會感到挫折且惱火，然後就不願完成問卷調查了。

這種有針對性的研究設計，是我們研究的一個強項。沒有什麼研究設計能夠回答所有問題，而且所有的設計決定都涉及一些**權衡**（trade-off）。就那些不熟悉如組態設定管理、基礎設施即程式碼（infrastructure-as-code）以及持續整合等事物的專家與組織，我們不會從他們那裡收集資料。由於沒有從這個集群收集資料，我們就錯過了這很可能表現的比我們所謂的「低績效者」還差的同溫層（cohort）。這意味著我們的比較有其侷限，而且我們無法發現那些可能是真正引人入勝、石破天驚的轉型案例。然而，有捨必有得，藉由限制受訪母群至一個定義較為緊縮的群體，我們獲得了**解釋力**（explanatory power，**譯註**：就是一個假設或理論解釋所涉主題切中體制的能力）。這種解釋力的增長有其代價：就是那些不使用現代化技術實踐製作並維護軟體者的行為，是無法捕捉與分析的。

這種資料選擇與研究設計，的確需要謹慎行事。正因只對那些熟悉 DevOps 的群體進行問卷調查，我們須要謹慎措辭。也就是說，有些問卷調查受訪者可能想要讓其團隊或組織出盡鋒頭，或是就關鍵詞彙他們有自己的定義。例如，每個人都知道（或聲稱知道）持續整合（CI）為何物，而且很多組織聲稱 CI 是他們的核心能力（本領）。因此，我們從不在問卷中詢問受訪者是否實行 CI（至少我們沒有在任何問題中，詢問會用來做任何預測分析的 CI）。反之，我們會問到 CI 核心方面的實踐，例如程式碼提交後，是否會開始自動化測試。這幫助了我們避免由於瞄準熟悉 DevOps 的使用者，而在不知不覺中造成的**偏誤**（bias）。

然而，據我們先前的研究、自身經驗、以及那些在大企業中帶領技術轉型者的經驗，我們相信，研究中的許多發現大體上適用於「正在經歷轉型」的團隊與組織。例如，版控系統與自動化測試的使用，極其可能會產

出正向的結果，不論團隊是在運用 DevOps 實踐、敏捷方法論、還是希望能改善其鎖步（lockstep，**譯註**：適用一些比較需要同步協調的工事，如軍隊齊步走）瀑布式開發方法。同樣地，有著重視透明、信任與創新的組織文化，無論採用何種開發範型，都很可能在技術組織中有正向的深遠影響－還有在任何垂直產業（industry vertical，**譯註**：某特定行業，如醫院的病患帳務收費軟體開發等等）中也是如此，因為這框架可以在不同的脈絡中預示績效結果，包括醫療保健與航空業。

一旦我們定義了目標**母群體**（population），接著就決定了採樣方法：我們會如何邀請人們來填寫問卷調查？採樣方法大致分為兩類：**機率採樣**（probability sampling）與**非機率採樣**（nonprobability sampling）[註2]。我們不能夠使用機率採樣方法，因為這會需要知曉母群體中的每位成員，而且每人都要有均等的機會來參與這項研究。這是不可能的，因為 DevOps 專家的詳盡名單在這世上並不存在，我們之後會更詳細解釋之。

為了收集研究用的資料，我們寄發電子郵件並運用了社群媒體。電子郵件是寄到我們自己的郵寄名單（mailing list），其中有從事 DevOps 相關工作的技術專家與專業人員（例如，他們已經參加過前幾年的研究，所以會在我們的資料庫中；因為曾從事組態設定管理工作，故而存在 Puppet 的行銷資料庫中；因為對 Gene 的書與其業界工作有興趣，因此存在 Gene Kim 的資料庫中；又或是因為對 Jez Humble 的書與其業界工作有興趣，才會存在 Jez 的資料庫中）。電子郵件也寄送到專業群體的郵寄清單，而且我們有特別關照那些在科技業中缺乏充分代表的少數族群，並寄送邀請函給其所屬的族群。除了直接透過電子郵件邀請之外，我們也借助了社群媒體，讓作者們與問卷調查贊助方（轉）推（tweeting）這些調查的連結，也在

註2　機率採樣是任何一種運用隨機選擇（random selection）的統計抽樣方法；由此延伸，非機率採樣即是任何一種不運用隨機選擇的方法。隨機選擇確保母群體中的所有個體都有同等機會被選為樣本。因此，一般來說會比較偏好機率採樣。然而，由於環境或脈絡（contextual）因子，機率採樣方法並非總是可行。

LinkedIn 上張貼可以去填寫調查問卷的連結。透過數個來源邀請受訪者參與問卷調查，我們提升了曝光機會，讓更多 DevOps 專業人員可以看到，同時也因應了滾雪球採樣（snowball sampling）的限制，稍後會討論到。

為了把觸角伸進技術專家與開發並交付軟體的組織，我們也邀請了轉介（推薦）者，藉此增益初始樣本，這個面向稱為**轉介採樣**（referral sampling）或滾雪球採樣。顧名思義，就是藉著一邊擴展，一邊徵集額外的受訪者，就像滾雪球般越滾越大。就此研究而言，滾雪球採樣是一種恰當的資料收集方法，有箇中幾個原因：

- **要識別那些運用 DevOps 方法論製作軟體者的母群體有其困難，甚或不可能**。不似那些專業組織如會計或土木工程，此二者在美國皆有全國性認證，如 CPA（註冊會計師）或 PE（ 譯註 ：於此更正為 Principles and Practice of Engineering，簡稱 P.E.，即「工程學理與實務測驗」），其實是沒有中央鑑定委員會能提供我們專業人員清單以供參考。更甚於此，我們無法搜遍組織圖（即使已經公開）尋求工作職稱，因為不是每個人的職稱中都有「DevOps」或其他重要的關鍵字。此外，很多技術，尤其在研究專案伊始，有那種非傳統的職稱。縱使公開了組織圖，也有很多職稱因過於通泛（generic）而無法納入本研究（比如「軟體工程師」可以囊括所有開發者，無論所屬團隊是運用瀑布式方法或 DevOps 方法）。滾雪球採樣很適合研究特定群體，因為其母群體（population）不能輕易被識別出來。

- **該母群體通常且傳統上來說反對被研究**。技術工作者組織邁向「精益轉型」的研究有其堅決（且不幸）的歷史，這其實正意味著大幅裁員。滾雪球採樣對抗拒被研究的母群體而言，是一種理想的方法；藉由轉介他人（或組織）參與研究，就能為這些問題擔保（打消新參與者的疑慮：這些問題不是變相宣傳）或甚至為研究者的名譽擔保。

滾雪球採樣有其固有限制。第一個限制就是，初始採樣的使用者（我們的狀況是電子郵件所寄送的那些使用者）並不能代表他們所屬的社群。因此，我們一開始就把這種邀請（或知情者）的範圍盡量做大（把餅畫大）且多元化，藉此補償這種偏誤。我們做大的方式，是綜合數種郵寄清單，包括自有的問卷調查郵寄清單，其中有多元的受訪者群，涵蓋了各式各樣的公司規模與國族；透過他們所屬的組織及郵寄清單，我們也觸及科技業中缺乏充分代表的群體與少數族群。

滾雪球採樣的另一個限制是，所收集的資料會受到這些初始邀請對象的強烈影響。這會構成疑慮：若只針對小群體的人們然後請他們轉介，那麼樣本就會於焉開展（ **譯註**：可能有其侷限或偏誤之疑慮）。我們因應此限制的方式，就是藉著邀請廣大且多元的群體參與研究，如上所述。

最後，可能還是會有個疑慮，就是這些發現可能無法代表業界真實現況，因為資料中可能有盲點而我們識見不及此。對此我們以數種方式因應之：第一，不僅僅仰賴每年的研究結果來影響結論；我們主動投入業界與社群，以確保知悉現況情勢，並且以新興潮流測定（triangulate， **譯註**：其實本義是三角測量，這邊引伸為客觀測定）結果。這意味著我們就問卷調查積極尋求回饋，透過在研討會的社群，以及透過同事與業界；然後我們會交流意見，看看何種潮流正在興起，從不僅只仰賴一種資料來源。若有任何出入或不匹配之處，我們會重新考慮假設並進行迭代（iterate， **譯註**：迭代就是重複回饋過程的活動，其目的通常是為了接近並達成所需的目標或結果。每一次對過程的重複稱為一次「迭代」，而每一次迭代得到的結果則會用作下一次迭代的初始值，反覆進化）。第二，我們在業界有外部（體制外）的主題專家（subject matter expert），會每年審查我們的假設，以確保跟上潮流。第三，我們探索現存文獻，在其他領域中找尋模式，這些領域也許能為我們的研究提供洞見。最後，我們每年在社群遍訪意見與研究想法（新主意），並在設計研究時運用這些想法。

第三篇

轉型

　　我們已經呈現我們的發現，知曉若欲產出更好的軟體交付與組織結果，哪些能力是相當重要的。然而，執此資訊想在您的組織依樣畫葫蘆，可是件複雜且令人望之卻步的任務。這就是為何我們很高興 Steve Bell 與 Karen Whitley Bell 同意撰寫本篇章，談論領導統御與組織轉型，並分享他們的經驗與洞見，指引讀者展開自己的旅程。

　　Steve 與 Karen 是精益 IT 的先驅，透過一種無關乎方法（method-agnostic，**譯註**：也是跨方法的意思，類似跨平台）的方式，應用原則與實踐，汲取形形色色的實踐知識－DevOps、敏捷、Scrum、看板（kanban）、精益創業（Lean startup）、Kata（套路，**譯註**：類似武功套路，重反覆操練，像練功一樣）、Obeya（大部屋，**譯註**：「大部屋」的目的是把在做的事、碰到的問題、專案進度都視覺化，讓利益相關人隨時介入、快速解決問題、快速決策，讓計畫能順利如期推進，過程中當然少不了訓練有素且有協作精神的優秀人才）、策略部署等不一而足－視文化與情勢，輔導並支持領導們去發展高績效實踐與組織學習能力。

在第三篇中,他們汲取荷蘭 ING(一家全球性銀行,全世界有超過 3440 萬客戶與 52,000 名員工,包含超過 9,000 名工程師)的經驗,以展示賦能(enable,**譯註**:賦予能力、使能行之)文化變革的領導統御、管理與團隊實踐為何有效,與其運作原理,俾能在複雜與不斷變化之環境中臻至永續的高績效。

Steve 與 Karen 延伸了我們的觀點,超越團隊、管理與領導統御實踐之間的相互關係,超越嫻熟的 DevOps 採行(adoption),且超越打垮穀倉(silo,**譯註**:即所謂穀倉效應,是指企業內部因「過度分工」而缺少溝通,一個部門、營運單位或業務單位,就像一個個高聳豎立的穀倉,彼此鮮少往來,也不願與其他單位分享資訊)–以上全都有其必要,但不夠充分。在此我們可以見到一種全面、端到端(end-to-end)的組織轉型,徹底投入並充分與企業宗旨校準。

16

高績效領導
統御與管理

Steve Bell 與 *Karen Whitley Bell* 合撰

「領導統御實際上的確對結果有強大而深遠的影響。…一位好的領導會影響團隊的種種能力，如：交付程式、架構良好系統、與將精益原則應用在團隊管理工作與開發產品的方式。以上種種，」該研究顯示：「都對組織的獲利能力、生產力及市佔有其顯著的深遠影響；這也對客戶的滿意、效率、與達成其組織目標的能力有深遠影響。」[註1] 然而，Nicole、Jez 與 Gene 也觀察到「領導統御在技術轉型上的角色，一直以來是 DevOps 中最被忽視的主題之一。」

何故？為何技術從業人員持續尋求改善軟體開發與部署的方式，還有（改善）基礎設施與平台的穩定性及安全性，然而卻很大程度上忽視了（或搞不清楚）帶領、管理與維持這些事工（endeavor）的方式呢？這對大型傳產企業與數位原生（digital natives，[譯註]：或稱數位原住民，一般是指 1980 年代以後出生的人，他們是一出生就活在電腦、網際網路世界的一代，生活中伴隨著電玩、網路、電視成長的人，其思考方式及工具使用方式與上一代截然不同）而言皆是如此。讓我們不要糾結在過去的脈絡來斟酌這個問題－為什麼我們尚未（過去未做到什麼，回首昨日種種）－反之應該為了（展望）現在與未來：思考為何我們必須改善領導與管理 IT 的方式 [註2]，還有，重新想像企業上下每個人看待與投入科技的方式。

我們正處在完全轉型的變局之中，無論是價值創造、交付與消費的方式都日新月異。我們迅速並有效展望、發展與交付科技相關價值以提升客戶體驗的能力，已經變成一個關鍵的競爭分水嶺（competitive differentiator，[譯註]：也就是說不懂這些、跟不上時代的人或組織連競爭的資格都沒有，境界已經提升到遊戲與規則都完全改觀的地步，即所謂典範轉移）。但是巔峰技術績

註1 　請見第 11 章，原書的 115 頁至 116 頁（[編註]：繁體中文版的 146 頁）。

註2 　Nicole、Jez 與 Gene 所給的一個注意事項：「IT」這個詞彙貫串本章，指的是軟體與技術流程—而非只是公司內技術團體中的單一職能，像是 IT 支援或是服務台。

效只是競爭優勢其中之一–必要但不充分（necessary but not sufficient，**譯註**：可參考數學上的必要與充分條件，必要是沒有不行，充分是有了才夠，這中間有一段距離）。在迅速開發與交付可靠、安全、技術賦能的體驗上，我們也許變得很在行，但怎麼知道客戶看重哪些體驗？我們怎麼排定創建事物的優先次序，以使每個團隊的工事推進更大規模的企業策略？我們怎麼向客戶學習、從自身行為汲取教訓、還有以彼此為師？而隨著我們一邊學習，又要如何一邊與企業上下分享，且借助這樣的學習持續改進與創新？

另一個維持競爭優勢的必要條件是輕量化、高績效的管理框架，能將企業策略訴諸行動、簡化主意（新想法或觀念）到價值的流動、促進迅速的回饋與學習、且挹注並串連企業上下每個個體的創新能力，以創造最佳客戶體驗。那麼，這樣的框架看起來會是什麼樣子–非理論上而是實務上？還有，我們怎麼進行改善與轉型自身的領導統御、管理、以及團隊實踐與行為，以蛻變成我們渴望成為的企業？

▋16.1 實務上的高績效管理框架

縱貫本書，Nicole、Jez 與 Gene 討論了幾個精益管理實踐，發現這些實踐與高組織績效有關聯–明確地說是：「獲利能力、市佔與生產力...〔除了那些捕捉〕更廣大組織目標〔的度量（measure）以外〕–也就是說，那些超越僅僅是獲利與營收度量的目標。」[註3] 這些實踐中的每一個，在某些程度上相輔相成且相互依存。為闡明這些領導統御、管理與團隊實踐等如何相互作用，且展示使這些成為可能的基礎思維，我們會分享荷蘭 ING（Internationale Nederlanden Groep，**譯註**：原荷蘭文就是荷蘭國際集團）的經驗。這是一家全球性金融機構，是銀行業數位化的先驅，也是公認以顧客為中心的技術領頭羊。如今，IT 正在引領 ING 的數位轉型事業。

註3　請見第 2 章，原書的第 24 頁（**編註**：繁體中文版的 60 頁）。

「您必須要瞭解其中緣由，而不只是複製那些行為，」[註4] Jannes Smit 說道，他是荷蘭 ING 網際網路銀行業務與全通路（Omnichannel，**譯註**：全通路策略是將所有線上與線下通路的接觸點整合，讓消費者能夠獲得不間斷的消費體驗）部門的 IT 主管，於 7 年前決定實驗一些方式，以發展團隊間的組織學習。有很多方式可以描述像這樣正在運作中的管理實踐，也許最好的方式是帶您去一趟虛擬參觀－儘管是在書頁上進行的。（ING 很高興分享他們學習的故事，但他們可不願給您看牆上的事物！）我們會與您分享在 ING 一天的見聞與經歷，向您展示實踐、節奏與慣常（routine）如何連結，創造一種學習型組織，並交付高績效與價值。

您今日所見與我們初次所觀察到的情況已經大相逕庭，那時我們定期造訪，以促成所謂的「集訓營」，重新思考 Jannes 與其主管們領導與管理團隊的方式。如同許多企業的 IT 組織，他們位處異地，遠離企業的主要園區，很多人會只把他們當作一種職能（function，**譯註**：如球隊中的角色球員或功能球員，只負擔特定功能、做苦工、當綠葉陪襯主角紅花）看待，殊不知他們在實現企業策略上有其重要貢獻。今日，我們進到（**譯註**：現在開始進行如前述的虛擬參觀）企業總部，Jannes 的團隊如今位處 C 套房下面那層樓，空間寬敞明亮。經過保全警衛後，我們穿過一個廣大、開放的社交區域－有咖啡吧與點心亭俯瞰花園－是設計來營造一種宜人的空間，讓人可以聚會、參觀並分享想法。然後我們進到部伍（tribe，**譯註**：下頁可見其定義，為 ING 的組織架構單元）套房，在左手邊是個有玻璃牆的大房間，讓人可以看透裡面的空間。這就是大部屋（Obeya）房間，於此間部伍領導（Tribe lead）的工作、優先順序與行動項目都能看的一清二楚。任何團隊或個人都可以在此空間安排會議，或在會議空檔造訪以更新或審查近況。在這裡，Jannes 定期與他的直屬部下會面，他們很快就可以知道並瞭解 Jannes 每個策略目標的近況。4 個明顯的區塊都視覺化了：策略性改善、績效監控、產品卷宗（portfolio）路線圖、與領導統御行動，各自都有當前資訊，可以瞭解其目標、缺口（gap）、進度與問題。運用色彩編碼－紅與綠－

註4　這句與其他來自 ING 員工的直接引述都是與本章作者的私下溝通。

讓問題醒目。每個 IT 目標以可測量的方式，直接與企業策略繫在一起（請見圖 16.1）。

圖 16.1 領導力大部屋（360 度全景）

兩年前，ING 經歷了重大轉變，變成了沿著業務線，組織成多維度、矩陣式結構，俾使客戶價值能川流不息（精益從業人員稱做**價值流**）。每條業務線組織為一個部伍，交付一個卷宗的相關產品與服務（例如：抵押貸款服務部伍）。每個部伍由多個自控的團隊所組成，叫做小隊（squad），每個負責不同的客戶使命（例如：抵押貸款申請小隊）。每個小隊由一個產品負責人（product owner）引導，並由某個 IT 領域領導帶領（以備 IT 需求），然後根據貝佐斯（亞馬遜執行長）的兩個披薩原則（Bezos' Two Pizza Rule）控制人數－不許有團隊大到兩個披薩餵不飽。大多數小隊都是跨職能的，由工程師與行銷人員組成，作為單一團隊彼此協作，對顧客價值有共同的瞭解。在 ING，這種團隊組成稱為 BizDevOps。近來，他們發現需要一種新橋接（過渡性）結構，打算稱之為產品領域領導，以結盟（align）多個緊密相關的小隊。這個新角色不在原先的計畫之中，是透過經驗學習浮現的。該組織中還有支部（chapter），由同一個專業（discipline，例如資料分析支部）的成員所組成，他們被矩陣式分派到各小隊，帶去專門知識以促進小隊成員間的學習與發展。而最後，還有所謂的專長中心，把具有特定能力的個體聚在一起（例如：通訊或企業架構師，請見圖 16.2）。

現在我們離開 Jannes 的大部屋，由 Jannes 的內部持續改善（continuous improvement）教練們陪同，他們分別是：David Bogaerts、Jael Schuyer、Paul Wolhoff、Liedewij van der Scheer 與 Ingeborg Ten

Berge。他們合起來構成一個短小精悍的精益領導統御專長小隊，並輔導一眾領導、支部領導、產品負責人、與 IT 領域領導，進而各自回頭輔導其支部或小隊成員，造成一種槓桿效應，得以大規模改變行為與文化。

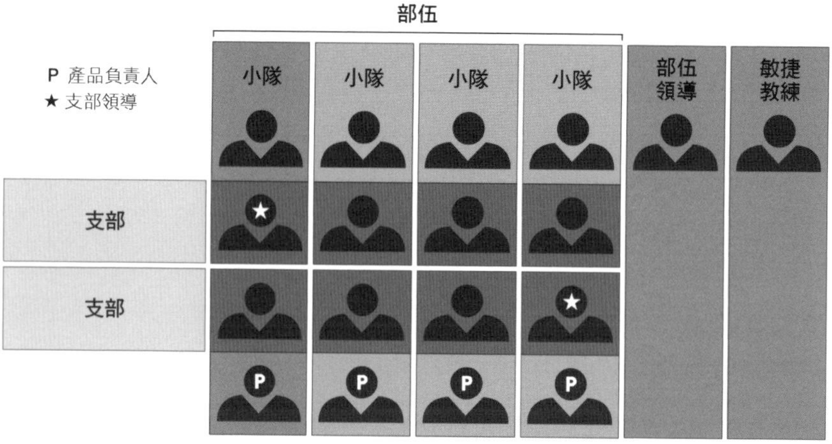

部伍
（眾小隊的積聚，有相互關聯的使命）

- 平均囊括 150 人
- 授權**部伍領導**樹立優先順序、分配預算，並與其他部伍形塑介面（溝通），以確保知識／洞見是共享的

敏捷教練
- 輔導個體與小隊，以打造高績效團隊

小隊
（新敏捷組織的基礎）

- 囊括不超過 9 個人；是自控且自治的
- 由不同職能的代表所組成，在單一地點運作
- 有端到端（end-to-end）的責任，要達成與客戶有關的目標
- 隨著使命演化可以變動職能的組成
- 一旦使命執行完畢就解散

產品負責人
（小隊成員，並非其領導）
- 負責協調小隊活動
- 管理待完成工作（back-log）、待辦清單、與優先順序設定

支部
（發展跨小隊專長與知識）

支部領導
- 負責一個支部
- 代表小隊成員所在階層（事涉：個人發展、輔導、人員調配、與績效管理）

圖 16.2 ING 的新敏捷組織模型沒有固定結構－是不斷進化的。（來源：ING）

在我們前方就是小隊的工作空間－一個開放區域，有窗有牆，牆上佈滿了視覺資料（他們自己的大部屋），讓小隊能即時監控績效，而且看得到阻礙（obstacle）、改進的狀態、與其他對該小隊有價值的資訊。橫越該空間的中心，有一列可調整高度的桌子，還有可調整高度的椅子，讓小隊成員能坐或站，越過其螢幕面對彼此。他們的椅子有不同的形狀與顏色，讓該空間視覺呈現上饒富趣味，且符合人體工學。小隊的視覺資料有些共同特徵；大部屋設計中的相似性，讓小隊以外的同事一眼就能馬上瞭解工作的某些面向，促進共同學習。標準指南包括目標視覺化、呈現績效與缺口、新問題與已升級（escalated，**譯註**：也是後送或上報的意思，需要更多資源或討論才有機會解決）問題、需求、進行中工作（WIP）、以及已完成工作。視覺化需求有助於排定優先順序，將進行中工作的負載維持在低水位。這些視覺資料也有一些差異，認可每個小隊的工作會有其些許獨特性，而且每個小隊最能為自己決斷什麼樣的資訊－還有該資訊怎麼視覺化－對他們自己最有利，以擅其勝場。

當我們一邊走過，該小隊正在進行其**每日站立會議**（daily stand-up），於其間能迅速學習與回饋。他們站在一塊視覺資料板前，其上顯示需求與進行中工作，每位成員簡短報告她／他正進行中的工作（WIP）、任何阻礙（若存在）、以及已完成工作。他們一邊說，一邊更新這些視覺資料。這些站立會議通常持續約 15 分鐘；與在每日站立會議變成工作例常之前的會議費時相較，他們已經大幅減少人們花費在會議中的時間。

在站立會議時，問題不會當場解決，但會有一套常規就緒，確保問題可以迅速解決。若問題需要與另一位小隊成員協作，就會被註記，然後那些成員會在當天稍晚討論。若問題需要 IT 領域領導支援才能解決，這問題會被註記並且升級上報。該 IT 領域領導也許很快就解決了，或帶到他／她的站立會議，向其他 IT 領域領導或部伍領導提起，以尋求解決之道。一旦獲得解決，該資訊會迅速透過管道轉回去。問題會持續醒目呈現，直到獲得解決。同樣地，若本質上是技術問題，那麼就會與合適的支部或專長中心

分享。這種垂直與水平的溝通模式,是種領導統御標準作業實踐,稱作「傳接球」(catchball,**譯註**:就是棒球中的傳接球,雙方必須契合無間,這種傳接球遊戲,兩個人各持一個棒球手套,一顆球互相丟來丟去,練習傳與接,慢慢培養默契與技巧,累積經驗)(請見圖 16.3)。

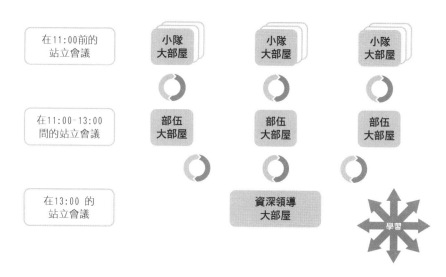

圖 16.3 站立會議與傳接球節奏

運用相同的溝通框架,其他相關的學習也在小隊、支部、專長中心與部伍之間輪轉,打造一種自然的垂直及水平學習流,遍及組織各個維度。這讓小隊自行決定如何最能精益求精,支持(擁護)整體企業策略,並使有效排定優先順序成為可能。部伍領導,在本案例中即 Jannes,也向小隊與支部成員學習,包括從與客戶的直接互動中習得之教訓。這讓他能夠改進其策略性思考與目標,並與其同儕及上司分享洞見。

這種迅速交互學習的實踐,讓前線團隊能習知策略的優先順序,並且讓領導們可以從前線團隊與顧客的互動中習知顧客體驗。該實踐就是一種策略部署的形式(精益從業人員使用**方針管理**(Hoshin Kanri,**譯註**:「方針管理」是一全面性管理之系統,其原則乃整合企業之使命、經營理念、企業文化、方針目標、策略方案與執行計畫,促使企業整體資源得以充分發揮其功

效，改善企業體質，不僅為企業創造利潤，並使企業得以永續經營）這個詞彙），它會在所有層級創建一種持續、迅捷的回饋循環，即學習、測試、實證與調整的循環，亦稱 PDCA（**譯註**：為了讓組織能管控各個生產環節，戴明將生產流程歸納如圖，而日本人濃縮成計畫(Plan)、執行(Do)、查核(Check)、行動(Act)循環，也叫戴明環）。

　　除了定期與小隊、產品負責人、IT 領域領導與支部領導進行站立會議之外，部伍領導也定期參訪小隊關切聞問（提問）－並非傳統的問題如：「為何這個沒做好？」而是：「請幫助我更加瞭解你所遇到的問題」、「請幫助我瞭解您在學習的事物」以及「我怎麼做能更支持您與團隊？」諸如此類的輔導行為對某些領導與主管而言來之不易，是需要下苦工的：就輔導、指教（mentoring）與模擬（modeling）各方面著手（指教方面目前正在全通路部伍(Omnichannel Tribe)中試驗，有計畫擴編），以從傳統的命令與控制（command-and-control）行為，轉變為領導即輔導（leaders-as-coaches）行為，在此間，每個人的工作是（1）做工作，（2）改善工作，然後（3）栽培人。第 3 個目標－栽培人－在科技領域中尤其重要，自動化正在此領域中攪擾許多科技工作。為了讓人盡其才投入工作，而這工作事實上可能會淘汰其當前職位，他們需要完全信任領導會重視他們－並不只是為了他們眼前的工作，而且也為了他們能在其工作中改善並創新的能力。工作本身會不斷改變；理想的人才一貫能夠快速學習且適應環境，而得人若此的組織就能佔據領先地位。

　　離小隊空間不遠處，在一個有著玻璃帷幕的會議空間，牆上掛滿白板、有個供遠距出席（telepresence）的螢幕、會議板架以及色彩繽紛、舒適的椅子，在此我們造訪 Jordi de Vos，一位年輕的工程師，終其職涯都在 Jannes 麾下以如此新方式工作。Jordi 是支部領導，也領導這種工作方式之策略性改善目標的其中一個（請回想前述之策略性改善、績效監控與(產品)卷宗路線圖等策略性目標）。Jordi 與其他人分享他就團隊安全所學－讓個體可以公開討論問題與阻礙的心理安全感，不用害怕受傷害或報復。他談到這點以及其他所發現的相關研究，還有他如何做實驗，以知曉會引起小隊

間最多共鳴的事物，還有哪些可測量的變革被引領出來且持續著。每個小隊與支部會分配固定比例的時間去做改善，Jordi 說小隊覺得這種改善活動只是工作例常。

我們詢問 Jordi，在這樣的文化中工作感覺如何。他反思了一會兒，然後分享一個故事。Jannes 的部伍曾被資深領導階層考驗過，要變得加倍有效（用）。「期限緊迫，壓力山大，我們的部伍領導 Jannes 走訪各小隊說道：『如果品質不到位，就不要發布（release），我會當你們的靠山。』因此，我們感覺到我們要對品質有擔當，這有助於我們去做對的事。」

一而再，再而三，品質被追求速度的壓力所蒙蔽。勇敢且支持人的領導至關重要，才能幫助團隊「慢下來加速」，並給他們准許與保障，將品質擺在第一位（合用並切中宗旨），就長遠看來，這會改善速度、一致性與容量（capacity 或作生產能力），同時降低成本、延遲與重工（rework）。最棒的是，這會改善顧客滿意度與信任感。

在此次參訪之後，我們經過更多小隊工作空間與更多玻璃帷幕所包圍的會議空間，每個空間都有相同的元素，不過在其顏色、質地與布置上各有差異。回到領導統御大部屋，我們會見了教練團隊，共進健康的午餐，然後省思我們上次參訪以來的許多正向變革。他們相互分享就當前挑戰的省思，以及他們正在實驗的一些方式，以持續散佈並培育一種生機型文化，專注在「深度先於廣度」。不過，要快點加廣規模的壓力還是存在。就在此刻，教練團隊成員之一正專注在荷蘭以外的少數幾個國家內支持文化變革。有鑒於 ING 在超過 40 個國家運營，如斯容許所需時間的紀律與專注在學習，而非直上大規模變革，是可圈可點的。

另一個教練們正在實驗的挑戰，則是分散的團隊。隨著近來組織重整，現在某些小隊有成員來自兩個國家以上，因此教練團隊在實驗並測量不同方式，以在跨國界的小隊（要虛擬地分享兩個披薩是很難的）間維持同樣高水準的協作與學習。

不出意料，最資深領導中的幾位，與一些其他部伍的領導同儕想要他們自己的大部屋。教練團隊希望慢慢處理這事，慢到讓真實的學習能發生。轉型的（**譯註**：此處與 13 章相同應更正為 transformative）、生機型的領導統御，能跨越大部屋牆上事物的疆界，也超越您談論之的節奏與慣例。「作為領導，您必須要以身作則，推己及人，」Jannes 說道。他會是第一個告訴您，自己仍在學習的人，而我們相信他成功的秘訣盡在其中。

午餐過後，我們前往 C 套房，在此我們可以看到有些資深領導的大部屋正開始成形。我們偶遇 Danny Wijnand，他是位總設計工程師，曾在 Jannes 麾下工作，直到去年升遷，開始帶領自己的部伍。Danny 回想這種新工作方式的擴散，超越 Jannes 的部伍而出之，進到這 C 套房，然後遍及 ING 其餘。「你會變得沒耐心，想要加速學習囫圇吞棗，但你會意識到你自己經歷過，而且這會花時間。說故事（敘事）固然重要，但他們必須走自己的學習旅程。」

再度回到部伍樓層，我們拜訪了 Jan Rijkhoff，一位支部領導。我們想觀摩他支部目前解決問題的方式。經年來，他們已實驗不同解決問題的方法，包括 A3、套路（Kata）、精益創業（Lean startup）等等，最後決定綜合他們發現有幫助的元素，創建自己的方式。我們今日信步盤桓，已見證多種問題解決倡議風行，且被視覺化在牆上。

他們的方式是延攬對的人，有經驗且洞悉問題，以嚴謹審視當前狀況。這樣的嚴謹是有收穫的，因為團隊獲得洞見，增益了找出根源的可能性，而不只是症狀。有了如此學習經驗，他們構成了一個關於改進方式的假設，包括如何測量與測量什麼，以明白實驗是否產出預期的結果。若實驗成功，他們就會將之變成標準作業的一部份，分享這樣的學習經驗，並持續監控，以確保改善持續不絕。他們把這樣的問題解決方式應用到組織所有層級。有時候會分析一個資深領導層級的的問題，將之分解成較小的部分，分流到支部或小隊層級去，以進行前線分析與調控實驗，然後其中的

教訓學習會反過來回饋上去。「這樣的方法有效，」當我們再度會面時，Paul 告訴我們道：「因為這幫助人們擁抱變革，讓人們提出自己的想法，然後可以試驗之。」

於如此色彩繽紛、饒富創意的的工作環境當中，有著「走出自己風格」的哲學，標準作業這個構想看來似乎格格不入，甚至適得其反；畢竟，這是知識工作。試想流程（做事的方式）與實踐（需要知識與判斷才能做事）的概念。例如，Scrum 的例行公事是流程；瞭解客戶需求與撰寫程式的行止是實踐。因此，當團隊有工作的標準方式，無論該工作是發布有效用的程式碼，或是進行一次團隊的站立會議，遵循那樣的標準會節省很多時間與精力。在 ING，標準工作會被樹立，但並非藉由模仿書上規定、或是另一家公司成功運用的工作方式而為之。反之，ING 中的團隊會實驗不同的方式，然後贊同一種做好該工作的最佳方式，而所發現的節奏與慣例會散佈到所有相似的團隊去。隨著形勢改變，會重新評估並改進該標準。

我們趕上 Jannes，隨他以訪察領導統御大部屋作為今天的最後一站－以添補一些狀態更新的便利貼便條，然後看看其他人的更新。我們詢問關於他們所走過的這趟旅程，他可有何想法。「最開始的洞見是我們的團隊並沒有在學習，也沒在改進，」他分享道：「我們無法把他們推升到團隊持續不斷學習的水平。我看到他們與問題搏鬥，而其他團隊有方法解決，但我們卻不能把們聚攏在一起學習。當我們作為管理階層都無法學習，我們也無法幫助團隊學習（以身作則）。為了要變成學習型團隊，我們自己也得學習。我們〔他的管理團隊〕經歷了自己的學習旅程，隨後我們走向眾團隊，幫助他們學習成為一個學習型團隊。」

然後我們問到他處理文化變革的方式。「以前，我從來沒討論到文化，」他說道：「那是艱難的主題，而我當時不知道如何以一種永續的方式改變之。但我學到，當你改變你工作的方式，你就會改變例行公事（慣常），你就會創造一個不同的文化。」

「資深領導階層對我們很滿意，」他顯然以部伍的夥伴們為榮，合不攏嘴笑著補充道：「我們給他們有品質的速度，有時候，我們也許會花比其他人長一點的時間達到綠燈，但是一旦我們達成，我們傾向保持在綠燈，而其他人大多掉回去紅燈。」

▎16.2 轉型您的領導統御、管理與團隊實踐

我們常被企業領導問到：如何改變我們的文化？

我們相信比較好的問題是：我們要怎麼學習如何學習？我如何學習？我怎麼讓其他人安心學習？我如何向其他人學習，並與他們一同學習？我們如何一起建立新的行為與新思維方式來建構新習慣，進而培育我們的新文化？還有，我們從哪裡開始？

在荷蘭 ING，他們以一個領導問自己這些問題開始。然後他帶來好教練，肩負任務挑戰每個人（包括他自己）去質疑臆斷（assumption，**譯註**：從過往便宜行事而來的包袱）並嘗試新行為。他聚攏其管理團隊，說道：「讓我們一起試試看，就算無效，我們會學到一些教訓，幫助我們變得更好。你們會加入我的行列，看看我們能學到什麼嗎？」

每一季，他的管理團隊會聚首學習新事物，然後在接下來幾個月將那樣的學習躬行實踐。起初，大家覺得不舒服的事物，逐漸變的比較容易些，最後就變成一種習慣-他們剛形成的，恰好趕上下一個學習循環。他們撐住考驗，正當他們覺得自在時，就再撐一次。這一路走來，他們始終會一起反省，並視需要調整。

我們在一次早期集訓營的課堂上回顧到，我們挑戰管理團隊成員去發展簡單的領導標準工作慣常：視覺管理、定期站立會議、與給其團隊成員一致的輔導-取代他們習以為常的冗長會議與救火行為。為了發展這種新的工

作方式，首先他們需要瞭解他們目前如何花費時間。大家明顯有感受到懷疑態度與不安；然而，數週間他們每位都記錄並測量了自己每天如何花費時間。他們彼此分享教訓，然後一起發展了新方式來工作。

3 個月後，當我們返還下一次的集訓營，其中一位主管 Mark Nijssen 歡迎我們說道：「我再也不想回去舊有的工作方式了！」不僅基本領導標準工作的採行獲致成功，幫助他們改善其效用，而且他們也勉力達成目標，讓他們騰出 10% 的時間去做他們想做的工作。

這種情願實驗新思維與工作模式的態度，引領 ING 達到如今的境界，但重要的是認識到沒有任何清單或劇本存在，您無法「實作」文化變革。實作思維（嘗試去模仿另一個公司特定的行為與實踐），其本質上是牴觸生機型文化的精髓。

在本章末有個表格，代表許多在此趟 ING 虛擬參訪中所描述到的實踐。有星號（＊）註記的實踐，就是研究顯示與高績效相關者。我們希望未來的研究會探索這裡所列舉實踐的完整範圍；這張表不該用作清單，而該當作一般性指南的精華（提煉），讓您可以發展自己的行為與實踐（請見圖 16.4）。

如您在這趟 ING 虛擬參訪所見，一種高績效的文化絕不僅僅是套用工具、採用一組相互關聯的實踐、抄襲其他成功組織的行為、或是實作一套規定好、專家設計的框架而已；它其實是透過由證據指引的實驗與學習，共同開發一種新工作方式，會在情勢上與文化上適合各個組織。

隨著您開始自己的路徑（一連串的步驟開展）去創造一個學習型組織，重要的是採取並維持正確的心態。根據我們自己在協助企業朝一種高績效、生機型文化演進中所汲取的經驗，以下提供一些建議：

- 發展並維持正確的心態。這關乎學習與如何打造讓組織共同學習的環境－不只關乎躬行實踐而已，更當然不是關乎利用工具。

- 走出自己的風格。這意味著 3 件事：

  · 請勿只想著抄襲其他企業的方法與實踐，或實作一種專家所設計的模型。不僅研究並從中學習，而且隨後要去實驗並改進之，以適用您與您的文化。

	團隊實踐	管理實踐	領導統御實踐
文化	* 培育生機型文化	* 培育生機型文化	* 培育生機型文化
	* 內建（build in）品質，持續測量與監控	* 專注品質，保護團隊以確保品質	* 專注品質，保護團隊以確保品質
	專注促進組織學習	專注促進組織學習	專注促進組織學習
		* 給團隊改善與創新的時間	* 給團隊改善與創新的時間
組織結構			* 校準、測量並勉力流動（矩陣式、跨職能價值流組織結構）
		建立小巧、跨職能、多技能團隊；支持過渡性結構，因此團隊能輕易溝通與協作	賦能並支持跨技能以減少依賴專家的瓶頸，並形成專家社群
			佈建並支持內部教練與合適的基礎設施以擴張規模並維持之
直接學習與價值校準	* 吸引（關注）客戶、以客為師並與顧客一起實證（Gemba）	* 吸引（關注）客戶、以客為師並與顧客一起實證（Gemba）	* 吸引並師從客戶、團隊、供應鏈伙伴與其他利害關係人（Gemba）
	* 瞭解並視覺化客戶價值，為品質故發掘可測量的標的	* 瞭解並視覺化客戶價值，為品質故發掘可測量的標的	
	* 將習練創意作為總體工作的一部份	* 將習練創意作為總體工作的一部份，鼓勵團隊成員利用這樣的時間去學習與創新	* 預留並分配時間給創意活動（即 Google 的 20%目標）
策略部署	* 視覺化團隊目標與標的，理解這些標的如何推進企業策略	幫助團隊設定並視覺化目標與標的，瞭解並溝通這些標的如何推進企業策略（傳接球）	練習策略部署、視覺化所有目標與近期標的、與主管們溝通清楚，並幫助他們設定合適的標的與倡議
	* 積極監控與視覺化針對目標／標的的績效	* 積極監控與視覺化針對目標／標的的績效	* 積極監控與視覺化針對目標／標的的績效
			消除不必要的控制，反而投資在流程品質與團隊自治及能力（* 回報沒有核准流程或使用同儕審核的團隊達到較高的軟體交付績效）

↓

	團隊實踐	管理實踐	管理實踐
透過分析與訓練有素的問題解決改善流動	視覺化並分析工作流程，發掘流動中的阻滯（流程／價值流對映與分析）；＊理解他們所做的工作與其對客戶正向深遠影響之間的連結	視覺化並分析工作流程，發掘流動中的阻滯（流程／價值流對映與分析），幫助團隊瞭解如何能支持更大的價值流	視覺化並分析整體價值流之流動（企業架構），發掘流動中的系統性阻礙，支持較低層級的支持流程對映與分析且排定其優先順序
	排定優先順序：對客戶價值與體驗的阻礙，及團隊標的與目標	排定優先順序：對客戶價值與體驗的阻礙，及團隊標的與目標	排定對流程之系統性阻礙的優先順序
	將訓練有素的問題解決方式應用在排定優先順序的問題上，分析之以發掘根源	將訓練有素的問題解決方式應用在排好優先順序的問題上，分析之以發掘根源	將訓練有素的問題解決方式應用在複雜的系統性問題上，以發掘策略改進主題與標的（策略部署），學以致用更新標準作業
	升級（上報）跨職能與系統性問題	協調跨職能問題解決，解決或升級系統性問題	透過傳接球 PDCA，將已排定優先順序的問題解決標的至合適的利害關係人
	形成關於根源的假設，設計並進行調控實驗，測量結果，溝通所學，視需要重複，採納改進	形成關於根源的假設，設計並進行調控實驗，測量結果，溝通所學，視需要重複，採納改進	從全組織範圍的 PDCA 循環中學習，並重複學習／改進循環
工作方式、節奏與慣例	＊視覺化、測量並監控工作流程，監控偏差（行為），適當回應偏差	＊視覺化、測量並監控工作流程，監控偏差（行為），適當回應偏差	＊視覺化、測量並監控工作流程，監控偏差（行為），適當回應偏差
	＊將需求分化為小元素（適合 MVP 的，**譯註**：Minimum Viable Product 最小可行產品，最小的成本，快速驗證你的產品以及商業模式），並常常定期發布		
	＊視覺化需求、進行中工作（WIP）與「做完了」（kanban 看板）	＊視覺化需求、進行中工作（WIP）與「做完了」（kanban 看板）	＊視覺化需求、進行中工作（WIP）與「做完了」（kanban 看板）
	＊最小化（minimize，**譯註**：就是應該將工作拆到最小的意思，把不確定因素降到最低）並視覺化 WIP	＊最小化並視覺化 WIP	＊最小化並視覺化 WIP
	針對目標與標的排定需求的優先順序	針對目標與標的排定需求的優先順序	針對目標與標的排定需求的優先順序
	發展並習練團隊標準作業（節奏與慣常）	發展並習練團隊標準作業（節奏與慣常）	發展並習練團隊標準作業（節奏與慣常）
	以標準慣常進行每日站立會議，視需要升級阻礙（傳接球）	與團隊領導進行每日站立會議，走過標準慣常，視需要解決或過度／升級阻礙（傳接球）	以標準慣常與直屬部下進行站立會議，定期（固定節奏）舉行之，解決升級上來的阻礙（傳接球）
	支持團隊與同儕學習	輔導團隊成員；支持團隊學習	輔導主管，自己也有教練
	進行定期（固定節奏）回顧（工作與工作方式）	進行定期（固定節奏）回顧（工作與工作方式）	進行定期（固定節奏）回顧（工作與工作方式）

圖 16.4 高績效團隊、管理與領導統御行為與實踐（並非完整的清單，欲求較長、可下載的版本，請至 https://bit.ly/high-perf-behaviors-practices。

- 請勿外包給大型顧問公司權宜（應急）從事組織轉型，或委任他們替您實施新的方法論或實踐。您的團隊會感到這些方法論（精益、敏捷不一而足）是**被套用**在他們身上的，雖然您目前的流程可能暫時會改善，但您的團隊將無法發展自信或能力去維持（永續）、持續改進、或自行改進及發展新流程與行為。

- 請培養您自己的教練。起初您可能需要雇用外部的教練來輔導，以建立堅實的基礎，但您最終必須要成為自己變革的原動力。輔導（教練）深度是永續與擴編的關鍵槓桿。

- 您也需要改變自己的工作方式。無論您是資深領導、主管或團隊成員，請以身作則。生機型文化始於展示新行為，而非分派下去。

- 練習紀律。這對 Jannes 的管理團隊而言並非易事：在下屬面前記錄與反省他們如何花費時間，或嘗試起初並不習慣的新事物等等。變革需要紀律與勇氣。

- 練習耐性。您目前的工作方式經歷數十年積重難返，將會需要時間去改變既定的行止與思考模式，直到這些新模式變成新習慣，且最終變成您的新文化。

- 練習練習。您就是必須試著：學習、成功、失敗、學習調整、重複。節奏與慣常、節奏與慣常、節奏與慣常…

隨著您學習新的領導與工作方式，您與旅程上的夥伴們，將會探索、竭力撐持、犯一些錯、做對很多事、學習、成長、然後繼續學習。您將發現更好更快的方式，去投入、學習與適應變局。於此同時，您將會改善做所有事的品質與速度，您會培育自己的領導人，創新並勝過您的競爭對手。您將會更迅速有效地改善給客戶的價值，還有公司自身。如研究顯示，您將「對一個組織的獲利能力、生產力與市佔有著可測量的深遠影響。這些也會對客戶滿意度、（客戶端）效率與其達成組織目標的能力有深遠影響。」

　　我們祝福您在您的學習旅程上一切順利！

Steve 與 *Karen*

結論

　　過去數年來進行了對技術專家的問卷調查，並與 Puppet 的團隊寫就了 DevOps 境況報告，我們發現很多事物能成就高績效團隊與組織。這趟旅程包括了研究技術轉型，在同儕審查（peer review）中發表我們的結果，以及與我們的同事與同儕共事，同時他們也在評估並轉型他們自己的組織。在整趟旅程中，我們已有許多突破性的發現，通曉了交付績效、技術實踐、文化準則與組織績效之間的關係。

　　在我們所有的研究中，有一件事貫徹始終屬實：既然幾乎每間公司都仰賴軟體，那麼交付績效對如今做生意的任何組織而言都是至關重要的。還有，軟體交付績效被許多因素所影響，包括領導統御、工具、自動化、與一個持續學習暨改善的文化。

　　本書是我們在這旅途中沿路所發現事物的彙編。在第一篇中，我們呈現了研究中的發現，一開始討論到為何軟體交付績效舉足輕重，以及它如何驅動組織績效度量（measure），如：獲利能力、生產力與市佔，還有非商務度量，如：效率、效用、客戶滿意度與達成使命目標。如此一來，以快步調穩定交付高品質軟體的能力，對所有的組織來說（無論其大小或垂直產業），都是關鍵價值驅動力與分水嶺。

　　在第二篇中，我們總結了研究背後的科學，並闡明了我們所做的設計決策，還有所使用的分析方法。這為我們文中大篇幅討論的結果提供了基準。

　　我們也以統計上顯著且有意義的方式，發掘了貢獻軟體交付績效的關鍵能力。我們希望如此以示例探討這些實踐為何的討論，會幫助您改善您自己的績效。

在第三篇中，我們以組織變革管理的討論做結束。為呈現這樣的材料，我們找來同事 Steve Bell 與 Karen Whitley Beel，他們所貢獻的章節呈現了一種視野：照本書勾勒出的能力與實踐按圖索驥究竟會如何，以及這能為創新組織提供些什麼。您可以藉著我們在研究中習得的所有知識，來開展自己的技術轉型-有著許多其他人曾經能夠實行，在其自身團隊與組織中已取得偉大成功的轉型。

我們希望本書能幫助您，發掘您可以改善的領域：自身技術與業務流程、工作文化與改進循環。請記住：您無法買到或複製高績效。隨著您追求一條適合您特定脈絡與目標之途徑，您會需要發展自己的能力。這將需要持續的努力、投資、專注與時間。然而，我們的研究毫不含糊，結果是值得的。我們祝福您在改善的旅途上一路順利，並期待聽到您的故事。

A

驅動改善的能力

我們的研究已揭露 24 種關鍵能力，能以統計上顯著（有其重要意義）的方式，驅動軟體績效中的改善。我們的書中詳載了這些發現，本附錄提供您一份唾手可得的清單，其中列舉了這些能力，每項都有相關章節，其中涵蓋了詳盡的討論（亦見圖 A.1）。

我們將這些能力分為 5 大類：

- 持續交付

- 架構

- 產品與流程

- 精益管理與監控

- 文化

在每一大類中，這些能力並沒有照任何特定順序來呈現。

持續交付能力

1. **運用版控系統控制所有生產環境產出（衍生）物**。版控就是運用版本控管系統，比如 GitHub 或 Subversion（SVN），來控制所有生產環境產出物，包括應用程式碼、應用程式組態設定、系統組態設定、與自動化建置（build）及環境組態配置所用的腳本（script）。請見第 4 章。

2. **自動化您的部署流程**。部署自動化是指，部署完全自動化而不需要手動介入到何程度。請見第 4 章。

3. **實作持續整合**。持續整合（continuous integration, CI）是邁向持續交付的第一步。這是種開發實踐，其間程式定期提交，而且每次提交會觸發一組快捷測試，以發現嚴重的迴歸（測試）問題（regression），開發者一發現就馬上修復。這樣的 CI 流程創建典範建置與包裝（package，**譯註**：或稱打包更傳神），其最終會被部署並發布。請見第 4 章。

4. **運用主幹開發方法**。主幹開發已顯示能預示軟體開發與交付中之高績效，其特徵是在程式儲存庫中只有不超過 3 條活躍的分支（branch）；分支與分叉（fork）都只能有非常短的使用期（lifetime，例如：少於一天），就要趕快合併回 master 去；而且應用程式團隊很少或從來沒有「鎖住程式碼」的階段，該期間沒人可以為了合併衝突（merging conflicts）、程式碼凍結（code freeze）、或系統穩定化（stabilization）階段的緣故，提交程式碼或做拉取請求（PR）。請見第 4 章。

5. **實作測試自動化**。測試自動化，就是讓軟體在整個開發流程中，不斷自動（非手動）運行測試的一種實踐。有效的測試套件是可靠的－也就是說，測試會找到真實的失敗（故障），而只放行可發布（releasable）的程式碼。請注意，開發者應主要負責自動化測試套件之創建與維護。請見第 4 章。

6. **支持測試資料管理**。測試資料需要小心維護，而且測試資料管理這部分對自動化測試而言越來越重要。有效的實踐包括有充足的資料去運行您的測試套件，應需（on demand）取得必要資料的能力、在流水線中調校（condition，**譯註**：*也就是訓練，使其適應、習慣流水線環境*）測試資料的能力、以及資料不去限制所能運行的測試數量。然而，我們的確告誡團隊，應該盡可能最小化（減到最少）運行自動化測試所需的資料量。請見第 4 章。

7. **資安左移**。將資安整合進軟體開發流程之設計與測試階段，對驅動 IT 績效而言是關鍵所在。這包括進行應用程式的資安審核，將 infosec 團隊納入應用程式之設計與演示流程，使用預核准（preapproved）的資安函式庫與包裝（package），並將測試資安功能作為自動化測試套件的一部份。請見第 4 章。

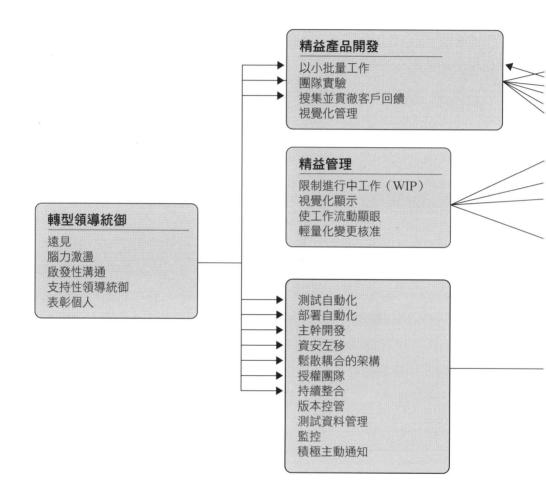

精益產品開發
以小批量工作
團隊實驗
搜集並貫徹客戶回饋
視覺化管理

精益管理
限制進行中工作（WIP）
視覺化顯示
使工作流動顯眼
輕量化變更核准

轉型領導統御
遠見
腦力激盪
啟發性溝通
支持性領導統御
表彰個人

測試自動化
部署自動化
主幹開發
資安左移
鬆散耦合的架構
授權團隊
持續整合
版本控管
測試資料管理
監控
積極主動通知

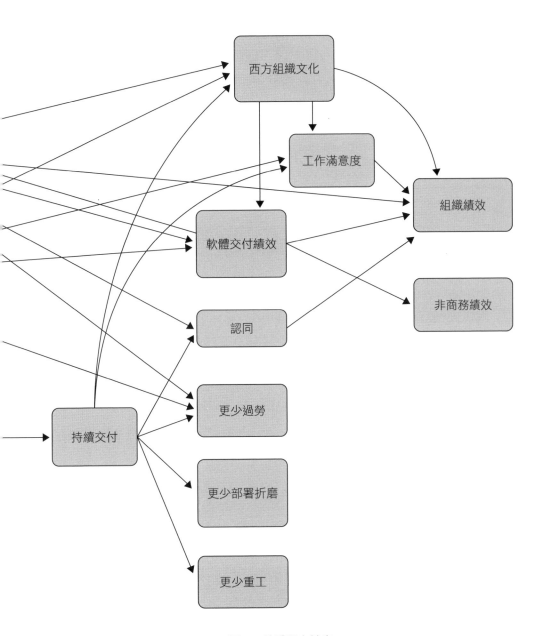

圖 A.1 總體研究計畫

8. **實作持續交付（CD）**。CD 是一種開發實踐，其間軟體終其生命週期都處在一個可部署的狀態，而且團隊將維持軟體在可部署狀態奉為高優先，先於新功能開發。針對系統的品質與可部署性之快速回饋，所有團隊成員皆唾手可得，而且當他們得到關於系統無法部署的回報時，會馬上修復之。最終，系統隨時應需可以被部署到生產環境或終端使用者方。請見第 4 章。

架構能力

9. **運用鬆散耦合架構**。這會影響團隊可以應需測試與部署其應用程式到何種程度，而不需費事與其他服務一起精心協調安排。擁有鬆散耦合架構，可以讓您的團隊獨立作業，進而使他們能快速作業並交付價值給組織。請見第 5 章。

10. **為授權團隊而架構**。我們的研究顯示，可以任意選擇工具來使用的團隊，持續交付會做得比較好，進而驅動更佳的軟體開發與交付效能。沒人比這些從業人員更清楚需要什麼才會有效果。請見第 5 章（產品管理的對應部分可以在第 8 章找到）。

產品與流程能力

11. **搜集並貫徹客戶回饋**。我們研究已顯示，組織是否積極且定期尋求客戶回饋，並把這些回饋納入其產品設計，對軟體交付績效而言是重要的。請見第 8 章。

12. **讓工作（作業）流（動）透過價值流變得更顯眼**。團隊應該要對工作（作業）流有良好的理解與能見度，而此工作流從業務端一路到客戶端，包括產品與功能的狀態。我們的研究已發現這對 IT 績效有正向的深遠影響。請見第 8 章。

13. **以小批量工作**。團隊應該將工作切分成小塊,而每小塊可以在一週內完成。其中的關鍵是將工作分解成小功能,顧及迅速開發,而不是在分支上開發複雜功能,然後很少發布之。這樣的想法也可以應用在功能與產品面(MVP 是產品的原型,只有足夠的功能,俾能就產品與業務模型做實證學習)。以小批量工作俾能縮短前置時間,也會有較快的回饋迴路(feedback loop)。請見第 8 章。

14. **培養並賦能團隊實驗**。團隊實驗是開發者嘗試新想法、與在開發流程途中創造及更新規格之能力,不需要團隊外部的核准,這讓他們能快速創新並創造價值。當與小批量工作、廣納客戶回饋、並使工作流顯眼等結合時,會格外具有深遠影響。請見第 8 章(其技術相應部分可在第 4 章找到)。

精益管理與監控能力

15. **有輕量化變更核准流程**。我們的實驗顯示,基於同儕審核(peer review,**譯註**:或稱同行審議)的輕量化變更核准流程(結對程式設計或團隊內程式碼審查),能產出優越的 IT 績效,勝過外部的變更審核委員會(CABs)。請見第 7 章。

16. **橫跨跨應用程式及基礎設施監控以影響**(inform,**譯註**:比較是告知的意思,以做深思熟慮的決定)**業務決策**。利用從應用程式而來的資料與基礎建設監控工具,來採取行動並做出業務決策。這遠勝於當事情出錯就傳呼(page)人。請見第 7 章。

17. **積極主動檢查系統健康度**。監控系統健康,使用門檻與變化率警示,俾使團隊能先發制人偵測並緩和問題。請見第 13 章。

18. **改善流程並以進行中工作(WIP)限制來管理工作**。運用進行中工作限制以管理工作流,在精益社群中廣為人知。當有效運用時,這會驅動流程改善,增益通量(throughput),並使系統中的限制更顯眼。請見第 7 章。

19. **視覺化工作以監控品質並與團隊上下溝通**。視覺化顯示，比如儀表板或內部網站，以用來監控品質與進行中工作，業已顯示被發現能促進軟體交付績效。請見第 7 章。

文化能力

20. **支持一種生機型文化（如 Westrum 所勾勒）**。這種組織文化的量測是基於 Ron Westrum 所發展的類型學，Ron 是一位社會學家，研究飛航與醫療領域中安全（性命）攸關的複雜系統。我們的研究已發現這種文化的量測（度量）可以預示 IT 績效、組織績效，並減少過勞。這種量測的特點包括良好的資訊流、高度合作與信任、團隊間的橋樑（接），與追根究柢（conscious inquiry）。請見第 3 章。

21. **鼓勵並支持學習**。在您的文化中，是否認為學習對不斷進步（progress）至關重要？學習是否被當作成本或投資？這是一個組織學習文化的量測（度量）。請見第 10 章。

22. **支持並促進團隊間協作**。這反映了傳統上穀倉化（siloed）已久的團隊，有多擅於彼此就開發、運維與資訊安全方面互動。請見第 3 與第 5 章。

23. **提供使工作變得有意義的資源與工具**。該特定的工作滿意度度量是關於從事有挑戰性且具意義的工作，並被授權去發揮您的技巧與判斷力。這也是關於被給予所需的工具與資源來把您的工作做好。請見第 10 章。

24. **支持或體現轉型領導統御**。轉型（的）領導統御支持並增益（放大）那些在 DevOps 中不可或缺的技術與流程工作，由 5 種要素組成：遠見、腦力激盪、啟發性（鼓舞人的）溝通、支持性領導統御、與個人表彰。請見第 11 章。

B

統計資料

想知道我們從統計觀點發現了什麼嗎？此處將列舉之，並按類型整理。

友善提醒：

關聯（correlation）檢視兩個變數有多麼緊密連動（或沒有），但這不代表是否一個變數的動作能預測或導致另一個變數的動作。兩個變數連動也很有可能（往往）是由於某第三變數，或有時只是湊巧。

預測（prediction）談論到一種構念對另一種的深遠影響。明確地說，我們運用了推論式（inferential）預測，它是如今在商務與技術研究中最常見的分析之一。這幫助我們瞭解 HR 政策的深遠影響、組織行為與動機，並且幫助我們測量技術如何影響這些結果，如：使用者滿意度、團隊效率與組織績效。當純粹實驗性設計不可行而偏好田野（實地、現場）實驗時，就會運用推論式設計－例如，在商務上，資料收集在複雜組織中進行，而非無菌實驗室環境，而且公司不會犧牲獲利來削足適履（擠進）契合研究團隊所定義的控制組。所用來測試預測的分析方法包括：簡單的線性迴歸與偏最小平方迴歸，特於附錄 C 中詳述之。

組織績效

- 高績效者比低績效者加倍可能超越組織績效目標：獲利能力、生產力、市佔與顧客數。

- 高績效者比低績效者加倍可能超越非商業績效目標：產品／服務數量、營運效率、客戶滿意度產品／服務的品質、達成組織／使命目標。

- 在 2014 年初始資料收集工事之後的一個跟進問卷調查中，我們集攏了股票行情（ticker）資料，針對遍布 355 間公司之 1,000 位左右的受訪者（自願就其效力公司受訪），進行了額外的分析。對於那些在公眾交易公

司（上市公司）工作的受訪者，我們發現（這分析在後續幾年間沒有照樣再做，因為我們的資料集不夠大）：

- 過去 3 年來，高績效者比低績效者的市場資本額（capitalization）成長高出 50%。

軟體交付績效

- 軟體交付績效的 4 種量測（部署頻率、前置時間、平均復原(restore)時間、變更故障百分比），對軟體交付績效概況（profile）而言是良好的分類器（classifier）。我們發現的集群（group）–高、中與低績效者–每年在這 4 大量測上都有重大差異。

- 我們對於高、中、低績效者的分析給出證據，顯示在改善績效與達到更高水準的節奏與穩定性之間沒有所謂的權衡取捨：它們是協同連動的。

- 軟體交付績效預示了組織績效與非商業績效。

- 軟體交付績效構念是 3 項指標的綜合：前置時間、發布頻率與 MTTR（平均復原時間）。變更故障率並沒有包括在這個構念中，雖然它與這個構念高度相關。

- 部署頻率與持續交付及版控系統的全面使用高度相關。

- 前置時間與版控及自動化測試高度相關。

- MTTR 與版控及監控高度相關。

- 軟體交付績效與組織在 DevOps 上的投資相關。

- 軟體交付績效與部署折磨是負相關。程式碼部署越痛苦，軟體交付績效與文化就越差勁。

品質

● 非計畫中的工作與重工（rework）：

  ● 高績效者回報花費 49% 的時間在新工作，以及 21% 的時間在非計畫中的工作與重工。

  ● 低績效者花費 38% 的時間在新工作，以及 27% 的時間在非計畫中的工作與重工。

  ● 在我們的重工資料中有J-曲線存在的證據。中績效者比低績效者花費更多時間在非計畫中的重工，而他們花費 32% 的時間在非計畫中的工作與重工上。

● 人工作業；

  ● 高績效者回報最少量的人工作業，無論在何種實踐上（組態設定管理、測試、部署、變更核准流程）都最少，少到統計上有顯著差異的程度。

  ● 又有J-曲線存在的證據了。中績效者比低績效者在部署與變更核准流程上，有更多的人工作業，而且這些差異的程度在統計上是顯著的。

  ● 人工作業在高、中、低績效者中的百分比請見表 B.1。

表 B.1 人工作業百分比

人工作業	高績效者	中績效者	低績效者
組態設定管理	28%	47%*	46%*
測試	35%	51%*	49%*
部署	26%	47%	43%
變更核准流程	48%	67%	59%

* 就組態設定管理及測試而言，中績效者與低績效者之間的差異在統計上並不顯著。

過勞與部署折磨

● 部署折磨（痛苦）與軟體交付績效及 Westrum 組織文化是負相關。

● 5 個與過勞最高度相關的因素為：Westrum 組織文化（負相關）、領導（負相關）、組織投資（負相關）、組織績效（負相關）、與部署折磨（正相關）。

技術能力

（架構能力有其專屬小節，如下一節所示。）

● 主幹開發：

  ● 高績效者有最短的整合需時與分支使用期，其中分支壽命與整合通常持續幾小時或一天。

  ● 低績效者有最長的整合需時與分支使用期，其中分支壽命與整合通常持續數天或數週。

● 技術實踐預示了持續交付、Westrum 組織文化、認同、工作滿意度、軟體交付績效、較少過勞、較少部署折磨、與較少耗費在重工上的時間。

● 高績效者比低績效者少花費 50% 的時間補救資安問題。

架構能力

● 特定系統型態（例如輔助參與系統(system of engagement)或記錄系統(system of record)）與軟體交付績效之間不存在任何關聯。

● 低績效者比較可能會描述他們正在建造的軟體-或他們必須與之互動一套的服務-為「另一家公司（例如某外包伙伴）開發的客製軟體」。

- 低績效者比較有可能在大型主機（mainframe）系統上工作。

- 必須要與大型主機系統整合這件事，並非統計上顯著的績效指標。

- 中績效者與高績效者在系統型態與軟體交付績效間沒有顯著相關。

- 鬆散耦合、封裝良好的架構會驅動 IT 績效。在 2017 年的資料集中，這是對持續交付貢獻最多的要素。

- 在那些一天至少部署一次者之間，隨著團隊中開發者數量增長，我們發現：

  - 低績效者部署頻率越來越低。

  - 中績效者以固定頻率部署。

  - 高績效者以顯著遞增的頻率部署。

- 高績效團隊更可能對下列敘述有正面回應：

  - 我們可以不需要整合（好的）環境就能做大部分測試。

  - 我們可以自外於所依存的其他應用程式／服務，獨立部署／發布我們的應用程式。

  - 這是使用微服務架構的客製化軟體。

- 根據團隊所正在建構或與之整合的種種架構型態之間，我們沒發現顯著的差異。

精益管理能力

● 精益管理能力預示了 Westrum 組織文化、工作滿意度、軟體交付績效與較少過勞。

● 變更核准：

  ● 變更審核委員會與軟體交付績效是負相關的。

  ● 只針對高風險變更的核准與軟體交付績效不相關。

  ● 回報沒有核准流程或使用同行審議（peer review）的團隊達成較高的軟體交付績效。

  ● 輕量化變更核准流程預示了軟體交付績效。

精益產品管理能力

● 採取實驗性方式著手產品開發的能力，與能貢獻持續交付的技術實踐高度相關。

● 精益產品開發能力預示了 Westrum 組織文化、軟體交付績效、組織績效與較少的過勞。

組織文化能力

● 這些度量（量測）與文化強烈相關：

  ● 組織在 DevOps 上的投資

  ● 團隊領導的經驗與效用

  ● 持續交付的能力

- 開發、運維與資安團隊達成雙贏結果的能力

- 組織績效

- 部署折磨

- 精益管理實踐

● Westrum 組織文化預示了軟體交付績效、組織績效與工作滿意度。

● Westrum 組織文化與部署折磨負相關。程式碼部署越折磨，文化越差勁。

認同感、員工淨推薦值（eNPS）與工作滿意度

● 認同感預示了組織績效。

● 如員工淨推薦值（eNPS）所測量到的，高績效者有較佳的員工忠誠度。在高績效組織的員工是 2.2 倍更可能推薦其組織為值得效力的好地方。

● eNPS 與下列顯著相關：

- 組織收集顧客回饋，並運用之影響其產品與功能設計所到的程度。

- 團隊視覺化與瞭解產品或功能流過開發全程一路到顧客端的能力。

- 員工認同其組織的價值與目標，與他們為使組織成功所願意投入的努力程度。

● 在高績效團隊中的員工是 2.2 倍更可能推薦其**組織**為值得效力的好地方。

● 在高績效團隊中的員工是 1.8 倍更可能推薦其**團隊**為值得效力的好地方。

● 工作滿意度預示了組織績效。

領導統御

● 我們觀察到在領導統御特徵上，高、中、低績效團隊之間有顯著差異。

　● 高績效團隊回報其領導在所有層面都有大器行為：遠見、鼓舞人心的溝通、腦力激盪、支持性領導統御還有個人表彰。

　● 低績效團隊回報以上 5 種領導統御特徵之等級都是最低的。

　● 這些差異都處在統計上顯著的等級。

● 轉型領導統御的特徵與軟體交付績效高度相關。

● 轉型領導統御與員工淨推薦值（eNPS）高度相關。

● 與在問卷調查中所代表之整體母群（population）團隊相比，回報轉型領導統御特徵位在頂尖 10% 的團隊，是同等可能或甚至較不可能是高績效者。

● 領導統御可以預示精益產品開發能力（以小批量工作、團隊實驗、蒐集並貫徹客戶回饋）與技術實踐（測試自動化、部署自動化、主幹開發、資安左移、鬆散耦合架構、賦權團隊、持續整合）。

多元性

● 在全部的受訪者中，在 2015 年有 5% 自承為女性，2016 年有 6%，2017 年有 6.5%。

● 我們的受訪者中有 33% 回報其效力之團隊中沒有女性。

● 我們的受訪者中有 56% 回報其效力之團隊中女性比例不到 10%。

● 我們的受訪者中有 81% 回報其效力之團隊中女性比例不到 25%。

- 性別

  - 91% 為男性

  - 6% 為女性

  - 3% 非二元性別或其他

- 缺乏充分代表者

  - 77% 回答否，我不認為自己是缺乏充分代表者。

  - 12% 回答是，我認為自己是缺乏充分代表者。

  - 11% 回答他們傾向不回應或不適用（NA）。

其他

- 在 DevOps 上的投資與軟體交付績效高度相關。

- 回報在 DevOps 團隊中工作的人所佔百分比在過去 4 年來有成長：

  - 2014 年佔 16%

  - 2015 年佔 19%

  - 2016 年佔 22%

  - 2017 年佔 27%

● DevOps 的發生（出現）遍及所有的作業系統。我們在 2015 年開始問及此。

  ● 78% 的受訪者被廣泛部署至 1-4 種不同的作業系統，最普遍的是：企業（Enterprise）Linux、Windows 2012、Windows 2008、Debian/Ubuntu Linux。

● 圖 B.1 顯示從 2017 年資料而來的企業統計結構（Firmographics，譯註：也可以看做公司分布）。我們注意到高、中、低績效者在所有群體中都有其代表，也就是說，在高、中、低績效群體中，都存在大型企業；我們也看到新創公司存在於高、中、低績效群體中。高度規範的產業（包括金融、醫療、電信等等）也在高、中、低績效群體中可以找到。重要的不是您處在哪種產業之中或您的規模多大；甚至大型、高度規範的組織也能以高績效開發並交付軟體，且利用這些能力來交付價值給其客戶及其組織。

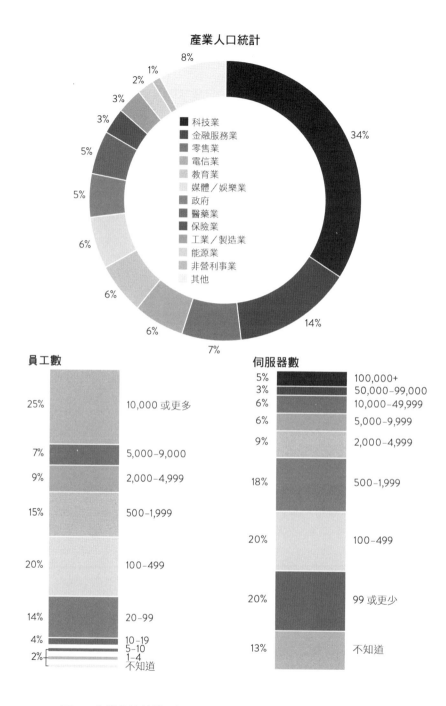

產業人口統計

8%
1%
2%
3%
3%
5%
5%
6%
6%
6%
7%
14%
34%

- 科技業
- 金融服務業
- 零售業
- 電信業
- 教育業
- 媒體／娛樂業
- 政府
- 醫藥業
- 保險業
- 工業／製造業
- 能源業
- 非營利事業
- 其他

員工數

25% 10,000 或更多
7% 5,000–9,000
9% 2,000–4,999
15% 500–1,999
20% 100–499
14% 20–99
4% 10–19
5–10
2% { 1–4
不知道

伺服器數

5% 100,000+
3% 50,000–99,000
6% 10,000–49,999
6% 5,000–9,999
9% 2,000–4,999
18% 500–1,999
20% 100–499
20% 99 或更少
13% 不知道

圖 B.1 企業統計結構：在 2017 年之組織規模、產業與伺服器數目

C

我們研究中
所用的統計方法

本附錄是在我們研究中所用的統計方法之簡短總結，意圖是作為參考，而非鉅細靡遺的統計課本。我們會適時給予一些至相關學術性參考書目的指引。本附錄大致上遵循我們的研究設計與分析的路徑。

問卷調查準備

一旦決定了每年所要測試的構念與假設，我們就藉由設計問卷調查手法開始研究流程[1]。

可以的話，之前驗證過的項目會再利用。其中的例子包括組織績效（Windener 於 2007 年）與非商業績效（Cavalluzzo 與 Ittner 於 2004 年）。當我們創建自己的度量（量測）時，會照著 Dillman（1978 年）所改良普遍接受的程序，來發展問卷調查手法。

資料收集

裝備好研究設計與問卷調查問題，我們就出發收集資料。

我們運用**滾雪球採樣**來收集資料，這是種非機率性技巧。關於為何這是種恰當的技巧、我們如何收集樣本、與對抗該技巧限制的種種策略之細節，已在第 15 章交代過。

探測偏誤

一旦有了資料，我們就開始探測**偏誤**（bias）。

● **卡方測定**（Chi-square test）。一種探知差異的測定，這是用來檢查變數中的重大差異，這種變數只能有類別值（例如性別）。

註1 我們每年根據文獻評審、審閱我們之前的研究發現、還有合理的辯論，來決定研究模型。

- **T檢定**（T-test，譯註：是由 William Sealy Gosset 於 1908 年所提出，因其筆名為 Student，故 t 檢定又稱為學生 T 檢定，Student's T test）。一種探知差異的測定。這是用來檢查變數中的重大差異，這種變數具有量表值（例如李克特值）。我們以此檢查初期與晚期受訪者間的差異。

- **共同方法偏誤**（CMB）或**共同方法變異**（CMV）。這牽涉到進行兩種測試：

  - **哈門氏單因子測試**（Podsakoff 與 Dalton 於 1987 年）。這會檢查看看是否有單一因子（因素）對所有的項目表現出顯著的負荷量（loading，譯註：簡單地說就是個別變數與因素之間的相關性，這個值如同皮爾森相關一樣，數值介於 -1 至 1 之間。由於一個因素會與多個變數相關，所以因素負荷量也可以解讀成：這些變數在這個因素裡面的權重有多少，或是這個變數多接近這個因素）。

  - **標識變數測試**（Lindell 與 Whitney 於 2001 年）。這會檢查看看是否原來顯著的相關性，在為第二低正相關性調整後，眾構念間的相關性依舊顯著。

  我們並沒有看到初期與晚期受訪者之間有偏誤，共同方法偏誤就我們的樣本看來似乎不是問題。

探測關係

　　與最佳實踐及廣為接受的研究一致，我們以兩階段（Gefen 與 Straub 於 2005 年）進行了分析。在第一步驟中，我們對量測進行分析，以驗證並構築我們的潛在構念（請見第 13 章）。這讓我們決定哪種構念能被納入研究的第二階段。

量測模型測試

● **主成分分析（PCA）**。一種有助於確認**聚合效度**（convergent validity）的測試。這方法是用於幫助解釋一組變數的變異數－（variance-covariance）共變異數結構。

  ● 主成分分析是以**最大變異法轉軸**（varimax rotation）進行，另有針對**自變數**與**應變數**的個別分析（Sraub 等人於 2004 年）。

  ● 有兩類的 PCA 可以做：**驗證性因素分析**（CFA）與**探索性因素分析**（EFA）。在幾乎所有的案例中，我們進行了 EFA。我們選擇這個方法，因為這是比較嚴格的測試，可用來發現變數的深層構念，而不用強加或暗示一種由因及果（演繹或所謂先驗）的結構（一個值得注意的例外是當我們用 CFA 去為轉型領導統御確認效度時；選擇這個是因為這些項目在文獻中已經根深蒂固了）。項目應該以高於值 0.6 去負荷他們各自的構念，而且不該交叉負荷。

● **平均變異抽取量（AVE）**。一種有助於確認聚合效度與區別（discriminant）效度的測試。AVE 是一種變異量的量測，即構念所捕捉到的變異量，相關由於測量誤差導致的變異量。

  ● AVE 一定要大於 0.50 才能表明有聚合效度。

  ● AVE 的平方根一定要大於一眾構念的任何交叉對角相關（cross-diagonal correlation）（當您將 AVE 的平方根放在相關表的對角線上），才能表明有分歧（divergent）效度。

● **相關**。當構念間的相關係數低於 0.85（Brown 於 2006 年）時，這測試有助於確認分歧效度。我們有使用到皮爾森（Pearson）相關（請詳後面的內容）。

● **信度**

- **Cronbach 的 alpha 值**：一種內部一致性的量測。可接受的 CR 決斷點（cutoff）值是 0.70（Nunnally 於 1978 年）；所有構念要達到這個決斷點或 CR 值（如下所列）。請注意 Cronbach 的 alpha 值已知是對小尺度有偏誤的（即那些只有少許項目的構念），故而 Cronbach 的 alpha 值與組成信度（composite reliability，CR）二者是運算來確認信度的。

- **組成信度（CR）**：一種內部一致性與聚合效度的量測。可接受的 CR 決斷點值是 0.70（Chin 等人於 2003 年）；所有構念要達到這個決斷點或 Cronbach 的 alpha 值（如上所列）。

以上所有的測試都要通過，才能認定某構念是適合用來更進一步的分析，若是這樣，我們會說一個構念「展現良好的心理計量特性」，然後繼續進行。我們研究所使用的所有構念都通過了這些測試。

探測關係（相關與預測）及分類

在這第二步驟中，我們會拿著已通過第一步驟驗證的量測（度量），然後測試我們的假設。這些是我們用在此研究階段的統計測試。如第 12 章所勾勒出的，在這樣的研究設計中，我們會為推論性預測（inferential prediction）來測試，意指所有測試過的假設，都受到額外的理論與文獻支持。若無現存支持理論存在，來間接表明某種預測性關係存在，我們只會回報相關（correlation）。

● **相關**。表明兩個或多個構念之間有某種相互關係或連結（connection）。我們在此研究中運用皮爾森（Pearson，**譯註**：是一種相關係數，就是 Pearson's product-moment correlation coefficient，一般稱為 Pearson 積差相關係數 r，由兩變項與其各自平均數差值的乘積總和，除以與其各自均方根之乘積總和所得的值，用來進一步驗證兩變項間的直線關係。通常以一變項為 X 軸數值，另一變項為 Y 軸數值，繪製 XY 座標圖，用以驗證座

標點分布的直線關係強度）相關，今日在商業脈絡中是最常用的相關（係數）。皮爾森相關測量兩個變數之間線性相關的強度，叫做皮爾森的（相關係數）r。通常只被稱作相關，並有著介於 -1 與 1 之間的值。若兩個變數是完美線性相關，即恰恰連動，那麼 r＝1。若它們恰恰反向連動，那麼 r＝-1。若它們完全不相關，那麼 r＝0。

● **迴歸**。這是用來測試預示性關係的。在眾多迴歸類型中，我們使用了兩類的線性迴歸，如下所述。

  ● **偏最小平方迴歸（PLS）**。這是在 2015 年到 2017 年間用來測試預示性關係的。PLS 是一種基於相關的迴歸方法，我們選擇它來做分析有幾個原因（Chin 於 2010 年）：

    · 這方法會為結果變數預測做最佳化。由於希望我們的結果對業界從業人員有所裨益，因此這對我們而言很重要。

    · PLS 不需要多變量常態性（multivariate normality）的假設。換句話說，這方法不需要我們的資料呈常態分布。

    · PLS 是探索性研究的一種極佳選擇－而這也正好就是我們的研究計畫！

  ● **線性迴歸**。這是在我們 2014 年研究中用來測試預示性關係的。

探測分類

這些測試任何時候都能做，因為它們不仰賴構念。

● **叢集分析**。這是用來發展一種由資料驅動的軟體交付績效分類，讓我們找出高、中、低績效者。在叢集分析中，每個量測會被放在分別的維度上，並且這種叢集（clustering）演算法會嘗試最小化所有叢集成員間的

距離，同時最大化叢集間的距離。叢集分析是運用 5 種方法來進行的：Ward法（1963 年）、組間連結法（between-groups linkage）、組內連結法（within-groups linkage）、形心法（centeroid）與中位數法（median）。叢集解方的結果以下列方面來做比較：（a）融合係數的改變、（b）每個叢集中的個體數量（解方包括那些排除極少數個體的叢集）、與（c）單變量（univariate）F-統計值（Ulrich 與 McKelvey 於 1990 年）。基於這些標準，使用 Ward 法的解決方案表現得最好，因此被選中。我們會用這種階層式叢集分析方法是因為：

- 它有強大的解釋力（讓我們瞭解叢集中的父子關係）。

- 我們沒有任何產業上或理論上的理由，去擁有一個預先決定好數目之叢集。也就是說，我們想要讓資料去決定我們應有的叢集數目。

- 我們的資料集不是太大（階層式叢集不適合極大的資料集）。

● **變異數分析（ANOVA）**。為詮釋這些叢集，會以**杜凱氏（Tukey's）測試**進行軟體交付績效之結果（部署頻率、前置時間、MTTR 與變更故障率）所平均的事後（post hoc）比較。之所以選擇杜凱氏，是因為它不需要常態性；也運行**鄧肯氏多重變域測驗**（Duncan's multiple range test）來探測顯著差異，然後在所有的狀況下結果都是一樣（Hair 等人於 2006 年）。遍及所有叢集有做成對的比較，使用每個軟體交付績效的變數，以及顯著差異會將叢集排序進群組，其間該變數橫跨某群組內所有叢集的平均值不會有顯著的不同，但該平均值會以一個統計上顯著的等級（在我們研究中 $p < 0.10$），在橫跨不同群組中的所有業集有所不同。除了 2016 年的所有年份（請見第 2 章），高績效者在所有的變數上都有最好的表現，低績效者在所有的變數上有最差表現，而中績效者在所有變數上都有中等表現–都在各自統計上顯著的等級。

MEMO

鳴謝

本書是從 DORA 與 Puppet 之合撰 DevOps 境況報告的夥伴關係間浮現，因此，我們想藉著感謝 Puppet 團隊為始，特別是 Alanna Brown 與 Nigel Kersten 兩位，它們是 Puppet 端的主要貢獻者。我們也想要感謝 Aliza Earnshaw，就她數年來在 DevOps 境況報告編輯工作上的一絲不苟，沒有她謹慎的眼力，這報告就會走樣了。

作者們也想感謝一些人們，其幫助過我們發展在該報告中所測試之假設。在 2016 年，我們感謝 Steven Bell 與 Karen Whitley Bell，因為他們敦促調查精益產品管理，還有因為他們花費在研究上的時間，以及與團隊討論價值流理論與顧客回饋之能見度。在 2017 年，我們感謝 Neal Ford、Martin Fowler 與 Mik Kersten，就項目測量架構謝謝他們，還有就團隊實驗感謝 Amy Jo Kim 與 Mary Poppendieck。

幾位專家很慷慨地捐獻了他們的時間，來幫忙校閱本書的早期書稿。對 Ryn Daniels、Jennifer Davis、Martin Fowler、Gary Gruver、Scott Hain、Dmitry Kirsanov、Courtney Kissler、Bridget Kromhout、Karen Martin、Dan North 與 Tom Poppendieck 諸位的幫助，我們謹致謝忱。

我們想感謝 Anna Noak、Todd Sattersten 與整個 IT Revolution 團隊，就他們在此專案上的所有辛勞工作。最後 Dmitry Kirsanov 與 Alina Kirsanova 搞定了文字編輯、校對、索引，而且在本書排版上別出心裁，謝謝你們。

NICOLE

············

　　首先，非常感謝我的共同作者們與協作者們，沒有他們這書就不可能完成。當我第一次出現並告訴你們這錯了－希望我是有禮貌地，你們大家卻沒有把我踢離專案。Jez，我學習到耐心、同理心、與重新燃起對科技的熱愛，我想過去似乎有衰減了些。Gene，你的無比熱忱與驅使著「再一個分析就好！」，讓我們的成果強大而且令人興奮。此專案的資料來自 DevOps 境況報告，這報告是與 Puppet 公司一同進行的。致 Puppet 團隊的 Nigel Kersten 與 Alanna Brown：謝謝你們的協作，還有幫助我們精心巧撰敘事（旁白），與我們的受眾共鳴。還有當然是 Aliza Earnshaw：妳的技巧遠遠超越文字編輯，讓我的成果無限好。我很愛我們可以有來有往，直到達成協議；當你告訴我說我是「一絲不苟地嚴謹」時，那就是最棒的恭維了。

　　特別要感謝我父親徐徐灌輸我好奇心、追求卓越、還有不要聽人說我不能做什麼的＊話。多年來我受用匪淺，尤其作為一個在科技界的女性。抱歉您錯過了派對，爸。很感謝我母親，總是我的頭號啦啦隊與支柱；無論我的計畫多瘋狂，她總是信任我。我愛您們。

　　一如既往，要對 Xavier Velasquez 致上我最大的感謝與最深的感激。我最好的朋友，也是我第一個回聲板（測試我想法的人），整趟旅程你一直都在－當這還是從風暴當中一個奇怪的可用性研究所啟發而來的想法，到我博士班時繞著它努力團團轉，然後邀請我自己進到 DevOps 境況報告，而最後如今成了這本書。你的支持、鼓勵與智慧－生活中或技術上－一直都是無價的。

　　Suzie！我怎麼會這麼幸運？我有位指導教授，賭一把在某個博士生上，該生向您保證研究技術專家、他們的工具與他們的環境－還有這如何對他們的工作造成深遠影響－會是重要且切題的（那些頂尖博士生們會瞭解到這的確是一場豪賭，有著真實的風險）。十年後，我的研究已成長茁壯，且

進化到我們稱之為 DevOps。非常感謝您，Suzanne Weisband，感謝您信任我的直覺，且那些年來指導我的研究，您一直都是最棒的指導教授、啦啦隊長、到現在是好朋友。

致我博士後研究的指導教授們、良師益友們、還有同行審議的常客共同作者 Alexandra Durcikova 與 Rajiv Sabherwal：你們也冒了風險與我一起在新脈絡中進行研究，而我從我們的協作中學習良多，我的方法更穩健，我的論證更理智，而且我看見問題空間的能力更臻發展，謝謝你們。

非常感謝 DevOps 社群，他們歡迎並接納一個瘋狂的研究員，而且還參與了研究並分享了你們的故事。因為你們我有更好的成果，更重要的是，因為你們我也更好，滿滿的愛。

最後，謝謝健怡可樂，陪伴我度過漫長的寫作與編輯。

JEZ
. . . .

很感謝我的妻子與永遠最好的朋友（BFF）Rani，就支持我寫此書感謝，即使在我答應說我不會再寫一本書之後還是支持。你們最棒了！我愛你們。謝謝我的女兒們，過程中帶來這麼多樂趣，還有感謝我的父母，從我小時候就支持我探索電腦。

Nicole 做了一個業界的問卷調查；Puppet 公司的 DevOps 境況報告，並將之變成一種科學化工具。我們的業界一直以來掙扎著，不知如何應用科學在軟體產品服務的開發與運維上；支持軟體交付的社會系統又是無可簡化地複雜，而無法讓隨機化、調控好的實驗切合實用。回頭看，解決方案清楚明白：運用行為科學來研究這些系統。Nicole 之謹慎、仔細為此方法做開路先鋒，已經產出了極好的結果，並很難去誇大其成果的深遠影響。有榮幸能成為她在此研究中的伙伴，而且我學到了很多，謝謝妳。

我會參與在此專案中完全是 Gene 的緣故，他邀請我成為 2012 年 DevOps 境況團隊的一員。Gene，你對這專案的熱情-還有在個人層面上，挑戰我的假設與分析（對，我就是在講主幹開發）的熱情-讓此專案很大程度上更加嚴謹，並且非常有意義。

我也要感謝 Puppet 團隊貢獻良多，沒有他們就不會有這些成果，尤其是 Alanna Borwn、Nigel Kersten 與 Aliza Earnshaw，感謝你們。

GENE
....

我很感激 Margueritte，我相伴 12 年摯愛的妻子，還有我的兒子們；Reid、Parker 與 Grant-我知道若沒有他們的支持，與對截止期限、開夜車、還有日夜不停回訊息的諸般容忍，我無法做我所愛的工作。還有當然，我的雙親，Ben 與 Gail Kim，感謝他們幫助我早早就成為電腦迷。

與 Jez 及 Nicole 一同進行的這個研究，是我曾做過最何其有幸能摸到邊、最令人滿足且富啟發性的的研究了-沒有人能找得到更好的協作團隊了。我真心相信這些成果大幅度推進了我們的職業，透過嚴謹的理論建構與測試，幫助我們更能定義好如何改善技術工作。

當然了，感謝 Puppet 公司的 Alanna Brown 與 Nigel Kersten，謝謝這美好的五年多來在 DevOps 境況專案上的協作，本書就是從其中汲取許多養分而成。

參考書目

- ACMQueue. "Resilience Engineering: Learning to Embrace Failure." ACMQueue 10, no. 9 (2012). http://queue.acm.org/detail.cfm?id=2371297.
- Alloway, Tracy Packiam, and Ross G. Alloway. "Working Memory across the Lifespan: A Cross-Sectional Approach." Journal of Cognitive Psychology 25, no. 1 (2013): 84–93.
- Almeida, Thiago. https://www.devopsdays.org/events/2016-london/program/thiagoalmeida/.
- Azzarello, Domenico, Frdric Debruyne, and Ludovica Mottura. "The Chemistry of Enthusiasm." Bain.com. May 4, 2012. http://www.bain.com/publications/articles /the-chemistry-of-enthusiasm.aspx.
- Bansal, Pratima. "From Issues to Actions: The Importance of Individual Concerns and Organizational Values in Responding to Natural Environmental Issues." Organization Science 14, no. 5 (2003): 510–527.
- Beck, Kent, et al. "Manifesto for Agile Software." AgileManifesto.org. 2001. http://agilemanifesto.org/.
- Behr, Kevin, Gene Kim, and George Spafford. The Visible Ops Handbook: Starting ITIL in 4 Practical Steps. Eugene, OR: Information Technology Process Institute, 2004.
- Bessen, James E. Automation and Jobs: When Technology Boosts Employment. Boston University School of Law, Law and Economics Paper, no. 17–09 (2017).
- Blank, Steve. The Four Steps to the Epiphany: Successful Strategies for Products That Win. BookBaby, 2013.
- Bobak, M., Z. Skodova, and M. Marmot. "Beer and Obesity: A Cross-Sectional Study." European Journal of Clinical Nutrition 57, no. 10 (2003): 1250–1253.
- Brown, Timothy A. Confirmatory Factor Analysis for Applied Research. New York: Guilford Press, 2006.
- Burton-Jones, Andrew, and Detmar Straub. "Reconceptualizing System Usage: An Approach and Empirical Test." Information Systems Research 17, no. 3 (2006): 228–246.
- Carr, Nicholas G. "IT Doesn't Matter." Educause Review 38 (2003): 24–38.
- Cavalluzzo, K. S., and C. D. Ittner. "Implementing Performance Measurement Innovations: Evidence from Government." Accounting, Organizations and Society 29, no. 3 (2004): 243–267.
- Chandola, T., E. Brunner, and M. Marmot. "Chronic Stress at Work and the Metabolic Syndrome: Prospective Study." BMJ 332, no. 7540 (2006): 521–525.
- Chin, Wynne W. "How to Write Up and Report PLS Analyses." In: V. Esposito Vinzi, W. W. Chin, J. Henseler, and H. Wang (eds.), Handbook of Partial Least Squares. Berlin: Springer (2010): 655–690.
- Chin, Wynne W., Barbara L. Marcolin, and Peter R. Newsted. "A Partial Least Squares Latent Variable Modeling Approach for Measuring Interaction Effects: Results from a Monte Carlo Simulation Study and an Electronic-Mail Emotion/ Adoption Study." Information Systems Research 14, no. 2 (2003): 189–217.
- Conway, Melvin E. "How Do Committees Invent?" Datamation 14, no. 5 (1968): 28–31.
- Corman, Joshua, David Rice, and Jeff Williams. "The Rugged Manifesto." RuggedSoftware.org. September 4, 2012. https://www.ruggedsoftware.org/.
- Covert, Bryce. "Companies with Female CEOs Beat the Stock Market." ThinkProgress.org. July 8, 2014. https://thinkprogress.org/companies-with-femaleceos-beat-the-stock-market-2d1da9b3790a.

- Covert, Bryce. "Returns for Women Hedge Fund Managers Beat Everyone Else's." ThinkProgress.org. January 15, 2014. https://thinkprogress.org/returns-forwomen-hedge-fund-managers-beat-everyone-elses-a4da2d7c4032.
- Deloitte. Waiter, Is That Inclusion in My Soup?: A New Recipe to Improve Business Performance. Sydney, Australia: Deloitte, 2013.
- Diaz, Von, and Jamilah King. "How Tech Stays White." Colorlines.com. October 22, 2013. http://www.colorlines.com/articles/how-tech-stays-white.
- Dillman, D. A. Mail and Telephone Surveys. New York: John Wiley & Sons, 1978.
- Deming, W. Edwards. Out of the Crisis. Cambridge, MA: MIT Press, 2000.
- East, Robert, Kathy Hammond, and Wendy Lomax. "Measuring the Impact of Positive and Negative Word of Mouth on Brand Purchase Probability." International Journal of Research in Marketing 25, no. 3 (2008): 215–224.
- Elliot, Stephen. DevOps and the Cost of Downtime: Fortune 1000 Best Practice Metrics Quantified. Framingham, MA: International Data Corporation, 2014.
- Foote, Brian, and Joseph Yoder. "Big Ball of Mud." Pattern Languages of Program Design 4 (1997): 654–692.
- Forsgren, Nicole, Alexandra Durcikova, Paul F. Clay, and Xuequn Wang. "The Integrated User Satisfaction Model: Assessing Information Quality and System Quality as Second-Order Constructs in System Administration." Communications of the Association for Information Systems 38 (2016): 803–839.
- Forsgren, Nicole, and Jez Humble. "DevOps: Profiles in ITSM Performance and Contributing Factors." At the Proceedings of the Western Decision Sciences Institute (WDSI) 2016, Las Vegas, 2016.
- Gartner. Gartner Predicts. 2016. http://www.gartner.com/binaries/content/assets /events/ keywords/infrastructure-operations-management/iome5/gartner-predictsfor-it-infrastructure-and-operations.pdf.
- Gefen, D., and D. Straub. "A Practical Guide to Factorial Validity Using PLSGraph: Tutorial and Annotated Example." Communications of the Association for Information Systems 16, art. 5 (2005): 91–109.
- Goh, J., J. Pfeffer, S. A. Zenios, and S. Rajpal. "Workplace Stressors & Health Outcomes: Health Policy for the Workplace." Behavioral Science & Policy 1, no. 1 (2015): 43–52.
- Google. "The Five Keys to a Successful Google Team." ReWork blog. November 17, 2015. https://rework.withgoogle.com/blog/five-keys-to-a-successful-google-team/.
- Hair, J. F., W. C. Black, B. J. Babin, R. E. Anderson, and R. L. Tatham. Multivariate Data Analysis, 2nd ed. Upper Saddle River, NJ: Pearson Prentice Hall, 2006.
- Humble, Jez. "Cloud Infrastructure in the Federal Government: Modern Practices for Effective Risk Management." Nava Public Benefit Corporation, 2017. https:// devops-research.com/assets/federal-cloud-infrastructure.pdf.
- Humble, Jez, and David Farley. Continuous Delivery: Reliable Software Releases through Build, Test, and Deployment Automation. Upper Saddle River, NJ: AddisonWesley, 2010.
- Humble, Jez, Joanne Molesky, and Barry O'Reilly. Lean Enterprise: How High Performance Organizations Innovate at Scale. Sebastopol, CA: O'Reilly Media, 2014.
- Hunt, Vivian, Dennis Layton, and Sara Prince. "Why Diversity Matters." McKinsey.com. January 2015. https://www.mckinsey.com/business-functions /organization/our-insights/why-diversity-matters.
- Johnson, Jeffrey V., and Ellen M. Hall. "Job Strain, Work Place Social Support, and Cardiovascular Disease: A Cross-Sectional Study of a Random Sample of the Swedish Working Population." American Journal of Public Health 78, no. 10 (1988): 1336–1342.
- Kahneman, D. Thinking, Fast and Slow. New York: Macmillan, 2011.
- Kankanhalli, Atreyi, Bernard C. Y. Tan, and Kwok-Kee Wei. "Contributing Knowledge to Electronic Knowledge Repositories: An Empirical Investigation." MIS Quarterly (2005): 113–143.

- Kim, Gene, Patrick Debois, John Willis, and Jez Humble. The DevOps Handbook: How to Create World-Class Agility, Reliability, and Security in Technology Organizations. Portland, OR: IT Revolution, 2016.
- King, John, and Roger Magoulas. 2016 Data Science Salary Survey: Tools, Trends, What Pays (and What Doesn't) for Data Professionals. Sebastopol, CA: O'Reilly Media, 2016.
- Klavens, Elinor, Robert Stroud, Eveline Oehrlich, Glenn O'Donnell, Amanda LeClair, Aaron Kinch, and Diane Kinch. A Dangerous Disconnect: Executives Overestimate DevOps Maturity. Cambridge, MA: Forrester, 2017.
- Leek, Jeffrey. "Six Types of Analyses Every Data Scientist Should Know." Data Scientist Insights. January 29, 2013. https://datascientistinsights.com/2013/01/29 /six-types-of-analyses-every-data-scientist-should-know/.
- Leiter, Michael P., and Christina Maslach. "Early Predictors of Job Burnout and Engagement." Journal of Applied Psychology 93, no. 3 (2008): 498–512.
- Leslie, Sarah-Jane, Andrei Cimpian, Meredith Meyer, and Edward Freeland. "Expectations of Brilliance Underlie Gender Distributions across Academic Disciplines." Science 347, no. 6219 (2015): 262–265.
- Lindell, M. K., and D. J. Whitney. "Accounting for Common Method Variance in Cross-Sectional Research Designs." Journal of Applied Psychology 86, no. 1 (2001): 114–121.
- Maslach, Christina. "'Understanidng Burnout,' Prof Christina Maslach (U.C. Berkely)." YouTube video. 1:12:29. Posted by Thriving in Science, December 11, 2014. https://www.youtube.com/watch?v=4kLPyV8lBbs.
- McAfee, A., and E. Brynjolfsson. "Investing in the IT That Makes a Competitive Difference." Harvard Business Review 86, no. 7/8 (2008): 98.
- McGregor, Jena. "More Women at the Top, Higher Returns." Washington Post. September 24, 2014. https://www.washingtonpost.com/news/on-leadership/wp /2014/09/24/more-women-at-the-top-higher-returns/?utm_term=.23c966c5241d.
- Mundy, Liza. "Why Is Silicon Valley so Awful to Women?" The Atlantic. April 2017. https://www.theatlantic.com/magazine/archive/2017/04/why-is-silicon-valleyso-awful-to-women/517788/.
- Nunnally, J. C. Psychometric Theory. New York: McGraw-Hill, 1978.
- Panetta, Kasey. "Gartner CEO Survey." Gartner.com. April 27, 2017. https://www .gartner.com/smarterwithgartner/2017-ceo-survey-infographic/.
- Perrow, Charles. Normal Accidents: Living with High-Risk Technologies. Princeton, NJ: Princeton University Press, 2011.
- Pettigrew, A. M. "On Studying Organizational Cultures." Administrative Science Quarterly 24, no. 4 (1979): 570–581.
- Podsakoff, P. M., and D. R. Dalton. "Research Methodology in Organizational Studies." Journal of Management 13, no. 2 (1987): 419–441.
- Quora. "Why Women Leave the Tech Industry at a 45% Higher Rate Than Men." Forbes. February 28, 2017. https://www.forbes.com/sites/quora/2017/02/28/whywomen-leave-the-tech-industry-at-a-45-higher-rate-than-men/#5cb8c80e4216.
- Rafferty, Alannah E., and Mark A. Griffin. "Dimensions of Transformational Leadership: Conceptual and Empirical Extensions." The Leadership Quarterly 15, no. 3 (2004): 329–354.
- Reichheld, Frederick F. "The One Number You Need to Grow." Harvard Business Review 81, no. 12 (2003): 46–55.
- Reinertsen, Donald G. Principles of Product Development Flow. Redondo Beach: Celeritas Publishing, 2009.
- Ries, Eric. The Lean Startup: How Today's Entrepreneurs Use Continuous Innovation to Create Radically Successful Businesses. New York: Crown Business, 2011.
- Rock, David, and Heidi Grant. "Why Diverse Teams Are Smarter." Harvard Business Review. November 4, 2016. https://hbr.org/2016/11/why-diverse-teams-are-smarter.

- SAGE. "SAGE Annual Salary Survey for 2007." USENIX. August 13, 2008. https://www.usenix.org/system/files/lisa/surveys/sal2007_0.pdf.
- SAGE. "SAGE Annual Salary Survey for 2011." USENIX. 2012. https://www.usenix.org/system/files/lisa/surveys/lisa_2011_salary_survey.pdf.
- Schwartz, Mark. The Art of Business Value. Portland, OR: IT Revolution Press, 2016.
- Schein, E. H. Organizational Culture and Leadership. San Francisco: Jossey-Bass, 1985.
- Shook, John. "How to Change a Culture: Lessons from NUMMI." MIT Sloan Management Review 51, no. 2 (2010): 63.
- Smith, J. G., and J. B. Lindsay. Beyond Inclusion: Worklife Interconnectedness, Energy, and Resilience in Organizations. New York: Palgrave, 2014.
- Snyder, Kieran. "Why Women Leave Tech: It's the Culture, Not Because 'Math Is Hard.' " Fortune. October 2, 2014. http://fortune.com/2014/10/02/women-leavetech-culture/.
- Stone, A. Gregory, Robert F. Russell, and Kathleen Patterson. "Transformational versus Servant Leadership: A Difference in Leader Focus." Leadership & Organization Development Journal 25, no. 4 (2004): 349–361.
- Straub, D., M.-C. Boudreau, and D. Gefen. "Validation Guidelines for IS Positivist Research." Communications of the AIS 13 (2004): 380–427.
- Stroud, Rob, and Elinor Klavens with Eveline Oehrlich, Aaron Kinch, and Diane Lynch. DevOps Heat Map 2017. Cambridge, MA: Forrester, 2017. https://www.forrester.com/report/DevOps+Heat+Map+2017/-/E-RES137782.
- This American Life, episode 561. "NUMMI 2015." Aired July 17, 2015. https://www.thisamericanlife.org/radio-archives/episode/561/nummi-2015.
- Ulrich, D., and B. McKelvey. "General Organizational Classification: An Empirical Test Using the United States and Japanese Electronic Industry." Organization Science 1, no. 1 (1990): 99–118.
- Ward, J. H. "Hierarchical Grouping to Optimize an Objective Function." Journal of the American Statistical Association 58 (1963): 236–244.
- Wardley, Simon. "An Introduction to Wardley (Value Chain) Mapping." Bits or Pieces? blog. February 2, 2015. http://blog.gardeviance.org/2015/02/anintroduction-to-wardley-value-chain.html.
- Weinberg, Gerald M. Quality Software Management. Volume 1: Systems Thinking. New York: Dorset House Publishing, 1992.
- Westrum, Ron. "A Typology of Organisational Cultures." Quality and Safety in Health Care 13, no. suppl 2 (2004): ii22–ii27.
- Westrum, Ron. "The Study of Information Flow: A Personal Journey." Safety Science 67 (2014): 58–63.
- Wickett, James. "Attacking Pipelines—Security Meets Continuous Delivery." Slideshare.net, June 11, 2014. http://www.slideshare.net/wickett/attackingpipelinessecurity-meets-continuous-delivery.
- Widener, Sally K. "An Empirical Analysis of the Levers of Control Framework." Accounting, Organizations and Society 32, no. 7 (2007): 757–788.
- Woolley, Anita, and T. Malone. "Defend Your Research: What Makes a Team Smarter? More Women." Harvard Business Review (June 2011).
- Yegge, Steve. "Stevey's Google Platform Rant." GitHub gist. 2011. https://gist.github.com/jezhumble/a8b3cbb4ea20139582fa8ffc9d791fb2.